SMEDI

上海市政工程设计研究总院（集团）有限公司
领军人才计划资助

大型机场综合交通

理论与西安实践

杨立峰 林 宾 编著

中国建筑工业出版社

图书在版编目（CIP）数据

大型机场综合交通理论与西安实践 / 杨立峰，林宾
编著 . -- 北京：中国建筑工业出版社，2024. 12.
ISBN 978-7-112-30517-9

Ⅰ. TU248.6

中国国家版本馆 CIP 数据核字第 2024E7T262 号

责任编辑：焦　扬
责任校对：赵　菲

大型机场综合交通理论与西安实践

杨立峰　林　宾　编著

*

中国建筑工业出版社出版、发行（北京海淀三里河路9号）

各地新华书店、建筑书店经销

北京海视强森图文设计有限公司制版

建工社（河北）印刷有限公司印刷

*

开本：787毫米×1092毫米　1/16　印张：13³/₄　字数：223千字

2024 年 12 月第一版　2024 年 12 月第一次印刷

定价：139.00 元

ISBN 978-7-112-30517-9

（43913）

前　言

西安咸阳国际机场（简称西安机场）是我国西部地区主要的航空枢纽，也是我国面向"一带一路"的重要桥头堡。进入 21 世纪以来，随着西部地区社会经济快速发展，西安机场航空运输量始终保持快速增长势头，迅速从一个中小型机场成长为客流量达 4000 万~5000 万人次的大型机场，机场综合交通体系的服务要求也在不断提高。

自 2012 年新一轮机场总体规修编工作启动之始，西部机场集团高度重视西安机场综合交通研究，规划确定了空铁一体综合交通枢纽、"东进东出、西进西出、东西连通"的总体交通格局，此后东联络通道地下通道工程、西航站区交通改造工程、三期扩建工程围绕总体规划蓝图，系统规划、分步实施。在长期规划建设研究过程中，西安机场注重结合自身实际情况，吸收借鉴国内外先进经验，对综合交通规划布局、重大交通工程建设方案进行全面论证、深入比选，不断优化完善。

本书是对西安机场综合交通长期研究的全面总结，主要从理论和实践两方面展开。理论部分重点对大型机场综合交通需求预测、综合交通规划策略、航站区陆侧道路系统、交通场站与换乘、旅客捷运系统设置等交通理论进行阐述。实践部分以时间为轴线，对西安机场近十年主要交通规划和工程进行总结，包括西安机场规划与建设概况、综合交通需求与规划布局、东联络通道地下通道工程、西航站区交通改造工程、三期东航站区陆侧交通工程、旅客捷运系统工程等内容。实践部分既有最终方案描述，也有众多研究过程中比选方案的分析与说明。

本书作者既有长期从事大型机场综合交通规划设计的工程师，也有西安机场规划建设的管理者，理论与实践经验比较丰富。本次对西安机场综合交通发展的总结，为全国各地大型机场综合交通枢纽的规划研究提供了很好的案例解析。如果本书内容对大型机场的规划设计、工程建设和运营管理人员的工作开展，以及相关专业教师与学生的学习研究，能起到部分帮助作用，作者将深感欣慰。

由于学识水平有限，书中难免存在不足之处，殷切期望广大读者批评指正，不胜感激。

目 录

第 3 章　大型机场综合交通规划策略研究

第4章　航站区陆侧道路系统布局研究

第5章　航站区交通场站与换乘布局研究

第 6 章　旅客捷运系统设置研究

实践篇

第 7 章　西安机场建设发展概况

第8章　西安机场综合交通需求预测

第9章　西安机场综合交通规划研究

第 10 章　西安机场东联络通道地下通道工程

第 11 章　西安机场西航站区交通改造工程

第 12 章　西安机场三期东航站区陆侧交通工程

第 13 章 西安机场旅客捷运系统工程

第 14 章 展望

参考文献

理 论 篇

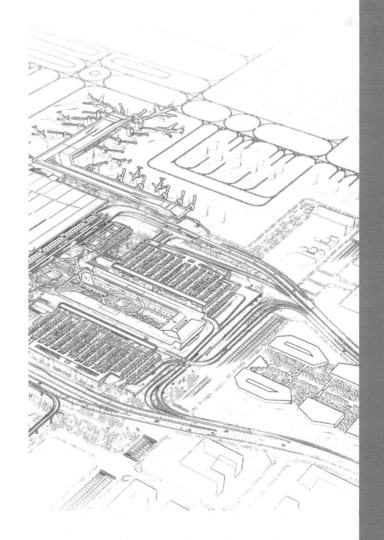

第1章 绪论

1.1 我国大型机场发展概况

进入21世纪后，随着我国进一步改革开放与经济社会持续快速发展，国内、国外航空运输需求不断增长。2023年我国民航客运总量达到6.2亿人次，年旅客吞吐量达1000万人次以上的运输机场达到38座，分别约为2000年的9倍和12倍。为了满足航空业务量不断发展的需求，我国机场建设始终保持快速发展态势。北京、上海、广州、深圳、成都、重庆等地一批大型机场的建设，极大地缓解了我国民航运输机场基础设施的紧张状况，显著增强了我国主要城市国际、国内联系，带动了科技、贸易、旅游、物流、金融等一大批产业的发展，对我国经济活力、产业竞争力、国际影响力的提升发挥了积极作用（表1-1）。

2023年我国排名前10机场旅客吞吐量   表1-1

排名	2023年	
	机场	旅客吞吐量（万人次）
1	广州白云	6317
2	上海浦东	5448
3	北京首都	5288
4	深圳宝安	5273
5	成都天府	4479
6	重庆江北	4466
7	上海虹桥	4249
8	昆明长水	4203
9	西安咸阳	4137
10	杭州萧山	4117

数据来源：中国民用航空局. 2023年全国民用运输机场生产统计公报 [EB/OL]. （2024-03-20）[2024-10-12]. http://www.caac.gov.cn/XXGK/XXGK/TJSJ/202403/P020240320504230898437.pdf.

1.2 大型机场综合交通理论与功能定位

1.2.1 大型机场综合交通理论体系

根据《运输机场总体规划规范》MH/T 5002—2020，我国机场按客运规模分为：①超大型机场，年旅客吞吐量超过 8000 万人次；②大型机场，年旅客吞吐量 2000 万~8000 万人次；③中型机场，年旅客吞吐量 200 万~2000 万人次；④小型机场，年旅客吞吐量 200 万人次以下。为了研究方便，本书将超大型机场、大型机场统称为大型机场，即年旅客吞吐量 2000 万人次以上机场。

大型机场的规划建设与运营管理是一项复杂的系统工程，涉及空域、场道、航站楼、陆侧综合交通等几十种专业技术，各类主管部门以及相关单位众多。作为空、陆交通转换衔接的大型综合交通枢纽，大型机场首要任务提供人和物的航空运输，良好的航空与陆地运输衔接是机场规划建设与管理工作成效的主要标准。各类交通理论在大型机场空侧与陆侧相关交通设施的规划、设计以及运营管理过程中都发挥着重要的指导作用。

对于空侧交通，空域航线组织、跑道与滑行道布局、停机坪机位安排、航站楼近机位与楼内客流组织、空侧捷运系统、旅客行李系统、空侧物流系统等，都需要交通需求分析、交通流组织、静态交通、公共交通、物流交通等一系列专业理论的支撑。

对于陆侧交通，更是涉及综合交通的方方面面。机场与腹地的交通联系，本身就是一个复杂的综合交通网络。陆侧交通包括高速公路、快速路等各类道路系统，高速铁路、地铁等各类轨道交通系统，长途、公交等各类巴士系统等。机场航站区陆侧各类进出道路与车道边、停车场站、轨道公交站点、换乘通道、陆侧捷运、地面交通中心等各类交通设施一体化布局与运营管理都需要综合交通相关理论的科学指导。

大型机场空侧交通主要围绕航空器运行与各类保障车辆交通，专业性强且管控严格，运营管理模式成熟可靠。相对而言，陆侧综合交通，交通需求多，运输方式多，运营单位多，各种交通问题也多，社会关注度相对更高，新交通问题、新交通理念、新交通系统所带来的交通挑战与研究需求比较突出。因

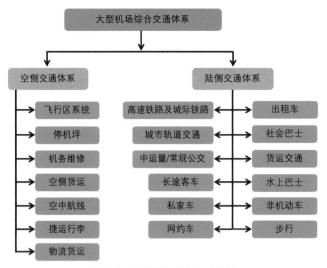

图 1-1 大型机场综合交通体系

此，本书重点研究大型机场陆侧综合交通，后文有关大型机场综合交通的表述都是针对机场陆侧综合交通而展开（图 1-1）。

1.2.2 大型机场综合交通功能要求

大型机场综合交通系统综合考虑机场功能定位、客货规模、地理位置、周边交通等因素，围绕航空运输打造地面综合交通换乘及保障系统，并与区域公路、铁路、水路综合交通网络一体连接，实现航空运输与陆侧各类交通方式便捷衔接，各类交通系统平稳运行，机场与腹地各圈层城市形成多通道、多方式的高效、经济、低碳、智慧集疏运体系。

大型机场与区域综合交通网络的衔接，条件许可情况下，可在一定范围内以机场为中心规划建设区域综合交通骨干网络，对加强区域综合交通一体化衔接、提高城市综合交通保障能力、加快临空区域发展都具有重要的促进作用。

1.3 大型机场综合交通实践与发展趋势

1.3.1 大型机场综合交通实践

一个高效的机场综合交通体系，围绕航空运输整合不同交通方式，实现各种交通资源的优势互补，有助于提高航空运输效率和城市综合交通保障度，确保旅客和货物快速顺畅转运；有助于扩大城市的国内外交流，吸引更多投资和人才，增强城市竞争力；有助于促进各类临空产业、旅游业、高端制造业等相关产业发展，加强机场与腹地城市之间的联系，推动区域经济一体化发展。

2000 年以来，为了满足社会经济和航空运输业发展需求，我国开展了一系列大型机场工程建设。在此阶段，各大机场紧抓我国高速公路、高速铁路和城市轨道交通快速发展的契机，重点围绕新时代综合交通发展要求，加强大型机场与高速铁路、高速公路、城市轨道交通等新一代交通系统的紧密衔接，我国北京、上海、广州、深圳、成都、重庆等城市迅速建成一批理念先进、高效便捷、能力强大的大型机场综合交通枢纽。

2010 年，集"航空主枢纽、高铁主枢纽、公路主枢纽、城市轨道枢纽"等众多交通于一体的世界级、超大型的上海虹桥综合交通枢纽建成，首次实现了我国大型机场空铁一体综合交通枢纽的成功建设，其强大的综合运输保障能力、高效的立体交通换乘效率、杰出的港城一体协同发展，多年来一直是我国大型机场综合交通枢纽规划建设的标杆。

2019 年，北京大兴国际机场建成运营，进一步将我国大型机场综合交通配套水平推到一个新的高度。北京大兴国际机场通过"引入城际高铁、机场快线并在航站楼下方设站换乘，双层出发高架，依托机场快线的城市航站楼"等一系列创新措施，奠定了我国大型机场不同种类的快速轨道交通（含高速铁路）无缝衔接的新标准，进一步推动了我国大型机场综合交通的发展。

1.3.2 当前机场综合交通主要挑战

对于大型机场，综合交通系统使旅客能够通过多种交通方式便捷地到达和离开机场。综合交通系统的效率、能力和成本，对机场辐射范围、规模能级具有关键影响。随着我国大型机场综合交通体系的发展，大型机场构建 300km 半径范围、满足每日 10 万 ~20 万人次甚至更多旅客进出的高效综合交通系统的挑战不容小觑。

（1）集散巨量道路交通。对于年旅客吞吐量 2000 万人次的大型机场，高峰日旅客、工作人员等各类交通集散量 6 万 ~7 万人次。尽管近年来机场与铁路轨道交通的衔接显著发展，但多数机场旅客集散方式仍是以小客车为主，年旅客吞吐量 2000 万人次的大型机场道路进出车流量每日便可达 5.5 万 ~6.5 万 pcu。停车资源紧张、关键路段拥堵是部分大型机场当前面临的主要问题。

（2）空铁轨衔接要求高。除了常规高速公路、巴士公交外，面向主要客源方向，加强机场与高速铁路、城际铁路、机场快线、市域铁路等快速轨道交通的衔接，缩短主要方向旅客集散时间，降低出行成本，提高公共交通出行率与综合运输能力，是当前大型机场综合交通发展的重要要求和关键挑战。

（3）立体换乘布局复杂。大型机场航站区陆侧交通用地有限，要布设高速铁路、地铁线路及站点，公交、长途客运场站，各类大、小客车停车库及出租车与网约车临时蓄车和上客点，各条进出场道路、车道边及上下匝道，各类人流换乘通道，VIP（贵宾）、旅客过夜用房、各类物流等的保障通道，交通流线多达几十条，综合交通系统一体化布局复杂，建设难度大。

（4）各类交通保障要求高。大型机场需要组织协调好铁路、地铁、公交、出租车等各类公共交通同步运营服务，需要管理好旅客小客车、网约车、出租车、机场员工车辆的临时以及长时停放需求。对于节假日、恶劣天气期间大量航班集中到发，需要加强交通疏导和应急保障。

1.3.3 大型机场综合交通发展趋势

未来随着新能源交通、人工智能、自动驾驶、智能交通、元宇宙、低空经济等一系列新技术和新经济的发展，大型机场综合交通体系的发展需要更具前瞻性和适应性，以满足不断变化的交通需求和发展要求。

（1）打造一体化的综合交通出行新体验。大型机场综合交通更加注重铁路、公路、城市轨道交通等多种交通方式进一步深度融合，实现空间换乘、服务衔接一体化。例如，对于"航空 + 铁路"系统，除了便捷的空铁换乘站场设施，空铁票务通票衔接等都将进一步提升旅客出行体验。

（2）依托综合交通枢纽的 TOD（transit-oriented development，以公共交通为导向的城市发展模式）综合体。大型机场综合交通枢纽功能将进一步拓展和强化，航站区陆侧交通区域不仅是交通换乘中心，还可融合区域商业、办公、休闲等多种功能，不断提升综合服务特色，促进机场和周边区域联系与协同发展。

（3）低碳、绿色、智慧、个性化。大型机场综合交通将更加注重环保和可持续发展，注重满足新能源车辆停放与充电需求，减少碳排放，打造绿色交通体系；注重各种智能交通和人工智能技术的应用，实现交通运行智能化监控、智能化调度、智能化停车诱导与智能化收费服务；针对新的经济业态和交通技术发展，根据不同旅客群体的需求，需要提供更加个性化的交通服务方案。

1.4 西安机场十年综合交通发展回顾

在我国众多大型机场规划建设过程中，西安咸阳国际机场（简称"西安机场"）综合交通发展具有极高代表性。西安机场不仅是我国中西部重要的枢纽机场，也是我国面向"一带一路"的重要国际机场。在过去十多年中，西安机场按照总体交通规划布局，分阶段一步一步实施，逐步打造国家级综合交通枢纽，几乎经历了当前我国大型机场综合交通规划建设的各种挑战。

西安机场总体规划（2016 年版）针对机场原有功能布局局限，谋划了机场发展新格局，通过整合西航站区、新增东航站区、增加卫星厅与捷运系统、引进轨道交通、建设综合交通枢纽等一系列措施，全面提升了机场交通功能，明确了机场交通发展目标。

东联络通道地下通道工程、西航站区交通改造工程满足了三期扩建工程投运前西安机场快速发展需要，为三期扩建工程建设奠定了基础。东联络通道的东进场路地道在三期扩建工程建成前确保了西航站区与东进场路畅通，三期扩建工程建成后转换为南陆侧地道，实现关键通道交通功能有序转换。西航站区交通改造在不停航前提下优化调整西航站区主要交通流线，改造新建关键道路、停车设施，工程克服多次交通导改挑战，成功消除西航站区原有拥堵节点，并形成"西进西出"骨干交通体系。

三期扩建工程中的东航站区陆侧交通工程是西安机场建设国际航空枢纽、国家综合交通枢纽的重要组成部分。工程克服航站区陆侧空间小、交通需求大、超大规模航站楼复杂车道边构型、地面交通中心各类人车轨交通系统交叉布局、引入铁路轨道交通线路不稳定等一系列挑战，重点对主进场路、车道边构型、轨道交通车站、地面交通中心、东西航站区交通联系、远端停车场、旅客捷运系统等一系列交通建设方案进行比选论证。三期扩建工程建成后，西安机场形成"东进东出、西进西出、东西连通"的交通格局，航空综合交通枢纽初步建成。

在西安机场长期交通研究中，既有交通理论的创新，又有建设方案的反复比选。本书系统总结了西安机场近十年的综合交通理论研究和相关实践工作，主要分为理论篇和实践篇。理论篇重点对大型机场交通需求预测、综合交通规划策略、航站区道路系统、交通场站与换乘、旅客捷运系统等相关交通理论进行研究总结。实践篇对西安机场过去近十年主要交通规划设计研究工作进行总结，主要包括西安机场规划与建设概况、综合交通需求与布局、东联络通道地下通道工程、西航站区交通改造工程、三期东航站区陆侧交通工程、旅客捷运系统工程等内容。

第2章 大型机场综合交通调查与需求预测方法

2.1 机场交通设施与交通特征调查

2.1.1 交通设施调查

大型机场交通设施调查包括对服务机场的道路、铁路轨道交通、公交长途以及各类场站等设施的布局与规模进行调查。

1. 道路设施

道路设施，包括机场对外联系腹地城市的高速公路、快速路、主次干道及干线公路等，机场范围主进出场路、上下客车道边，航站区、货运区、工作区与机场周边区域路网，以及各类保障道路等。

2. 铁路轨道交通设施

铁路轨道交通设施，包括高速铁路、城际铁路、市域铁路、机场快线、城市轨道交通、陆侧捷运系统等各类轨道交通线路与场站。

3. 公交长途及各类场站设施

公交长途及各类场站设施，包括机场快线与公交车站、长途客运站、出租车上客点与一二级蓄车场、社会巴士停车场、各类小客车停车场、网约车停车场、非机动停车场等。

2.1.2 交通特征调查

大型机场交通特征调查主要包括旅客出行特征调查、员工出行特征调查、道路交通流量调查、车道边交通特征调查、公共交通流量调查、停车场站交通特征调查、货运交通特征调查等。调查方式以各类运营、管理、检测数据统计分析为主，辅以相关人工或手机 App 问询调查。调查数据统计时段有每年、每月、一般高峰日、极端高峰日、高峰日 24 小时等。

1. 旅客出行特征调查

旅客出行特征调查主要内容包括：性别、年龄、职业、出发（目的）地、携带行李、行程目的、到达（离开）机场交通方式、交通时间、接送情况、年航空出行次数、报销情况、交通建议等。

2. 员工出行特征调查

员工出行特征调查主要内容包括：工作岗位、工作时间、日常居住地、通勤方式、通勤时间、交通建议。

3. 道路交通流量调查

道路交通流量调查主要内容包括：关键路段、卡口 24 小时分车种流量、部分路段 12 小时非机动车流量。

4. 车道边交通特征调查

车道边交通特征调查主要内容包括：出发车道边高峰小时流量、各类汽车平均停靠时间、平均下客人数，到达车道边出租车、小客车、公交车等的车道边高峰小时流量、停靠平均时间、平均上客人数。

5. 公共交通流量调查

公共交通流量调查主要内容包括：铁路、轨道交通、各类巴士日发车班次，全年、一般高峰日、极端高峰日旅客到发量，高峰日 24 小时旅客到发量等。

6. 停车场站交通特征调查

停车场站交通特征调查主要内容包括：小客车、网约车、各类巴士、员工私人车辆、非机动车等的停车场以及出租车蓄车场停车位数量，24 小时入库、出库、在库量，夜间停车量，停车时长分布，出租车蓄车场排队等候时间，停车泊位日均周转次数等。

7. 货运交通特征调查

货运交通特征调查主要内容包括：货运中转比例、货物来源地分布、货物目的地分布、集装箱运输比例、货运汽车载重情况、货运车辆时间分布、货运停车场分布和进出流量等。

2.2 机场综合交通需求预测

2.2.1 综合交通需求预测技术路线

大型机场综合交通需求预测包括三部分内容：旅客交通需求预测、货邮交通需求预测、员工交通需求预测（图 2-1）。

1. 旅客交通需求预测

结合机场旅客吞吐量、中转量预测，预测机场陆侧旅客吞吐量，同时考虑接送人员比例，得出陆侧客流规模。结合近远期旅客及迎送人员交通方式，预测高峰日、高峰小时各种交通方式进出机场的人流量、车流量，各种交通方式停车需求和到达、出发车道边需求等。

2. 货邮交通需求预测

结合机场货邮吞吐量、中转量预测，预测机场陆侧货邮吞吐量，再考虑机场自身运输流程特征、货运车辆类型、高峰小时参数等，预测货车日交通量、停车需求。

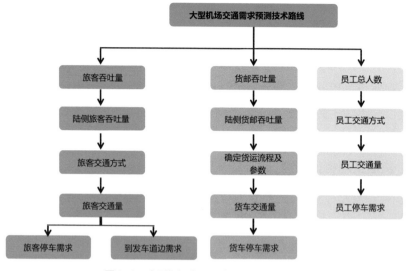

图 2-1　大型机场交通需求预测技术路线图

3. 员工交通需求预测

根据机场员工人数、交通方式，预测全日、高峰小时各种交通方式员工交通量、停车需求等。

2.2.2　机场陆侧交通量预测

1. 机场吞吐量与陆侧交通量预测

机场陆侧交通量通过机场腹地客货吞吐量（机场客货吞吐量扣除中转量），叠加部分接送交通量计算。机场腹地客货吞吐量主要由腹地城市社会、经济水平以及机场吸引比重决定，通常以历年腹地城市机场客、货运量为因变量，以腹地城市人口、GDP、工农业产值、人均收入、人均出行次数、时间等作为自变量，采用一元回归、多元回归、非线性回归、弹性系数法、人均出行法等方法，构建模型预测各腹地城市未来机场吞吐需求（表 2-1）。

2. 各类高峰日、高峰小时系数预测

在规划设计阶段，除了机场陆侧年交通量预测外，为了合理确定机场各类陆侧配套设施规模，还需要对年平均日、一般高峰日、极端高峰日、高峰小时

方法	公式	自变量	备注
一元回归	$y = a + bx$	时间、GDP、人口、人均收入等	a、b 为待标定参数
多元回归	$y = a + b_1 x_1 + b_2 x_2 + \cdots + b_n x_n$	时间、GDP、人口、人均收入等	a, b_1, $\cdots$, b_n 为待标定参数
S 形曲线	$y = \dfrac{1}{a + be^{-x}}$	时间等	a、b 为待标定参数
弹性系数法	$\varepsilon = (\Delta y / y) / (\Delta x / x)$	人口、人均收入等	ε 为增长弹性系数
人均出行法	$y = \sum\limits_{c=1}^{n} P_c \cdot q_c$	出行率等	P_c、q_c 为第 c 类人口量及出行率

等的交通量进行预测。

大型机场一般高峰日客货运量为年日均客货运量的 1.1~1.2 倍，极端高峰日客货运量为年日均客货运量的 1.3~1.5 倍。规划设计高峰日系数，在理论上要满足 95% 的日交通需求，一般取值 1.1~1.15。对于有完整历史数据的机场，可采用年第 30 位高峰小时需求统计高峰小时系数，作为规划设计高峰小时系数，高峰小时系数一般取值 0.1~0.12。道路交通高峰小时系数可通过调查得到。

2.2.3 陆侧集疏运方式预测

1. 国内外大型机场陆侧集疏运方式

国外大型机场陆侧集疏运多以小客车集散为主，但也有部分东亚大型国际机场其公共交通集散比例相对更高。例如，东京羽田机场快轨、地铁集散比例超过 50%，形成了公共交通集散主模式。我国大型机场以前多以小客车作为主要集散方式，但随着我国高速铁路、市域铁路、城市轨道交通的快速发展，大型机场公共交通集散比例快速提升。目前，北京大兴机场与首都机场、上海浦东机场与虹桥机场、深圳宝安机场等都有机场快线或城际铁路等各种形式轨道交通衔接，轨道交通已成为相关机场旅客重要出行方式，如目前虹桥机场铁路、城市轨道交通集散比例已达 35%~40%。

2. Logit 交通预测模型

大型机场陆侧集疏运方式预测，可在准确把握大型机场集疏运交通组织策略、综合交通系统规划的基础上，基于不同交通方式综合出行成本，采用 Logit 模型预测各类方式比例。

Logit 模型以出行时间、交通费用、换乘时间等为主要参数确定各类集散方式的综合成本。综合成本越高，方式被选择概率越低。例如，旅客对时间价值敏感越高，更偏向速度快的集散方式；若旅客对费用价值敏感越高，更偏向费用低廉的公共交通；而旅客对服务要求越高，更易偏向乘坐舒适的小客车方式。

$$P_{ij} = \frac{\mathrm{e}^{V_{ij}}}{\sum_{j=1}^{m} \mathrm{e}^{V_{ij}}} \qquad (2-1)$$

式中：$V_{ij} = \mathrm{time}_{ij} + \beta_{ij} \cdot \mathrm{cost}_{ij} + \phi_{ij}$ ；

$\quad\quad \sum_{i}^{n} P_{ij} \approx T_j$ ；

$\quad\quad P_{ij}$——大型机场第 i 种对外交通的第 j 种集散方式比例；

$\quad\quad T_j$——大型机场第 j 种集散方式总比例；

$\quad\quad V_{ij}$——大型机场第 i 种对外交通的第 j 种集散方式综合成本；

time_{ij}、cost_{ij}——第 i 种对外交通的第 j 种集散方式的时间、费用指标；

$\quad\quad \beta_{ij}$——系数，取值范围为 2~4；

$\quad\quad \phi_{ij}$——常数项，取值范围为 3~10。

3. 集散方式目标法

在大型机场综合交通系统建设还有较大空间或者缺乏完善历史数据输入 Logit 模型的情况下，需要结合综合交通发展政策与发展规划，综合判断未来旅客集散模式与集散方式规划目标，并以此作为道路、轨道交通等各类机场配

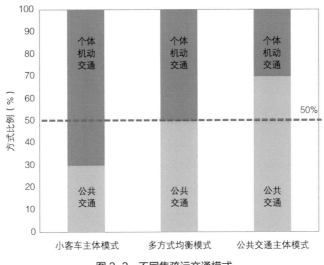

图 2-2 不同集疏运交通模式

套交通规划依据。大型机场综合交通模式包括小客车主体模式、多方式均衡模式、公共交通主体模式三种（图 2-2）。

1）公共交通主体模式

公共交通主体模式是一种以可持续公共交通为主的模式。在各种集疏运方式中，轨道交通、公交的总比例至少达 60%，含出租车在内的各类小客车比例控制在 40% 以内。其中，轨道交通比例高达 45%~55%，甚至更高，是集疏运系统中最重要的方式。目前，大型机场集疏运公共交通主体模式还比较少。

2）小客车主体模式

小客车主体模式是一种以个体机动交通为主的模式。在小客车主体模式中，出租车、私家车等各类小客车比例高达 60%~70%，甚至更高，轨道交通、公交的比例达到 30% 左右，机场需要高度发达的高速公路或快速路集疏运系统。目前，我国多数机场集疏运模式都为小客车主体模式。

3）多方式均衡模式

多方式均衡模式主要考虑到近年部分大型机场公共交通、个体机动交通需求都非常强劲。为保障大型机场旅客集散的正常运转，需同时给公共交通、个体机动交通比较大的发展空间，采取公共交通、个体机动交通方式均衡发展模式，轨道交通、公交等可持续公共交通比例将达到 50% 左右，其中轨道交通比例可达 35%~45%；出租车、私家车等各类小客车比例控制在 50% 左右。

对于大型机场未来而言，是大力发展各类道路系统形成小客车主体集疏运模式，还是大力发展轨道交通系统形成公共交通主体集疏运模式，或是同步发展道路、轨道交通形成个体机动交通与公共交通均衡发展模式，都需要对机场未来发展需求、区域综合交通发展趋势进行综合研判。目前，我国大型机场集疏运交通体系仍有较大发展空间，旅客集疏运方式改善空间也较大，比较适合采用集散方式目标法预测各类集散方式规划比例。

另外，大型机场交通集散模式预测，要根据一般高峰日与极端高峰日、白天与夜间、良好天气与恶劣天气等各种场景下运营情况变化而作出调整，从而更准确地预测大型机场各类交通设施的最大需求。例如，在夜间城市轨道交通、铁路停止运营后，部分大型机场交通模式为小客车主体模式，出租车、网约车需求将会显著增加。

2.2.4　道路需求分布与道路流量预测

道路交通需求预测是机场外围集疏运道路系统、航站区道路系统规划设计的基础，主要包括道路需求 OD（交通起止点）分布预测与道路流量分配预测。道路需求 OD 分布预测可采用交通重力模型（具体可见相关交通模型书籍），也可根据前述机场腹地各城市陆侧交通需求、集疏运方式预测结果，直接构建各地与机场道路需求 OD 分布。一般而言，大型机场所在城市车流比例可达 60%，甚至更高。

以上海虹桥机场道路交通需求预测为例，虹桥枢纽与上海内环中心区道路需求约占 20%，内、外环间道路需求约占 26%，外环内中心城道路总需求约占 46%。外环外市域西北（嘉定、宝山）方向、西南（松江、闵行）方向、东南（浦东、临港、奉贤）方向，各占 12%、10%、15%。长三角方向占 17%，其中江苏方向 10%、浙江方向 7%（图 2-3）。

道路流量分配预测可采用交通流量分配软件（如 EMME、Transcad 等），将机场道路需求 OD 叠加到城市背景交通 OD 上，以规划路网为基础预测机场对外辐射的各条道路的车流量。

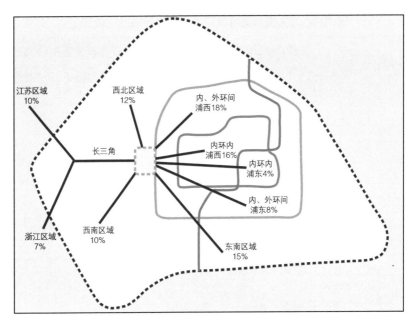

图 2-3　上海虹桥机场车流需求分布预测

2.3　航站区道路交通需求预测

2.3.1　主进场道路需求预测

　　航站区主进场道路连接航站区与外围高速公路、快速路等机场集疏运道路系统。一般而言，大型机场航站区与货运区在空间上分开运营管理，交通组织上也是实行客货分离，所以航站区主进场道路车辆种类以客车为主，包括小客车、出租车、机场大巴、旅游巴士、长途大巴等车辆。

　　主进场道路车道规模要满足机场各类旅客、员工等的车辆到达与离开车流需求。对于每1000万人次的旅客吞吐量，除了高峰日、高峰小时系数，每车次载客量等参数外，个体机动车比例（出租车、小客车）是影响航站区对外车流需求的最重要因素，当个体机动车比例从40%增加到70%时，在一定服务水平下，需求车道数从1.7增加到3.0（表2-2）。

个体机动交通比例（%）	一般高峰日高峰小时车流			车道需求（车道）	
	日均客流（人次）	日车流（pcu）	高峰车流（pcu/h）	高峰饱和度（1.0）	高峰饱和度（0.75）
40	33000	15400	1540	1.3	1.7
50	33000	19250	1925	1.6	2.1
60	33000	23100	2310	1.9	2.6
70	33000	26950	2695	2.2	3.0

注：①高峰日系数1.2，高峰小时系数0.1；
　　②平均车载旅客1.5；
　　③车道通行能力1200pcu/h。

2.3.2 各类停车需求预测

1. 停车需求预测方法

1）周转率法

大型机场航站区车辆停车需求预测可采用周转率法：

$$P = \sum_{i=1}^{n} P_i = \sum_{i=1}^{n} \frac{T_i}{Z_i} \qquad (2-2)$$

式中：P——航站区配套停车总量；

　　　P_i——第 i 类车辆的停车需求；

　　　T_i——第 i 类车辆的日停车需求；

　　　Z_i——第 i 类车辆的日周转率。

2）最大在库车辆法

在需要进行更精细停车分析时，可以机场日旅客到发时间分布及现有车库各类运营特征数据为基础，预测每小时甚至更小时间段，进入、驶出车库车流量，从而分析全天最大在库车辆数，并以此作为停车库车位需求的依据（图2-4）。

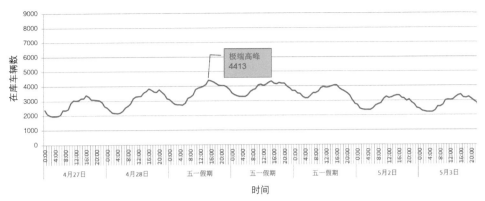

图 2-4　最大在库车辆法预测停车库需求

2. 各类停车需求预测

大型机场陆侧停车设施主要包括旅客停车设施和员工停车设施。旅客停车设施主要满足小客车、网约车、出租车、中短途公交车、长途大巴、旅游巴士等的停车需求。停车时长分类主要有临时停车、长时停车、过夜停车、车辆调度停车。对于出租车、市区大巴、长途大巴，为高效发挥航站区空间效率，一般实行站场分离模式，上下客在航站区核心区，长时间停车尽量安排在航站区外围地区。

1）小客车停车需求

小客车停车需求多为临时停车（一般时长 2~4 小时），包括接客车辆需求（到达旅客小客车需求数量）、送客后停车需求（送出发旅客小客车需求数量5%~10%）两部分。近年来随着商务与旅游旅客比例增加，长时间和过夜停车需求逐步增加，国庆、春节等节假日期间，部分大型机场长时停车、过夜停车比例可达 30%~50%，对停车库正常运营造成较大影响。

2）网约车停车需求

随着网约车的发展与普及，高峰时段大量网约车临时进入停车库接客，加剧了停车库出入口收费系统与车库主通道交通压力，对停车库正常运行造成严重干扰。大型机场需要将网约车作为一种独立交通方式，预测出行结构和停车需求。

3）出租车停车需求

出租车停车需求为出租车接客前的临时等待停车需求。根据站场分离原则，出租车停车可分为航站区外远端蓄车场停车、航站区内近端停车场（也称调节池）停车。出租车停车需求，理论上可根据到达旅客出租车需求计算，但部分时段出租车空车集中到达会显著加大停车需求。

4）公交巴士停车需求

中短途公交车上客点一般位于到达车道边或地面交通中心（GTC）公交枢纽，各线路通常有 2~3 辆蓄车能力，大量过夜停车场一般设置在航站区外。长途大巴一般在航站区 GTC 内有专用车站，可小规模停车，大量过夜停车与中短途公交车停车可通过在航站区外围设置远端停车场解决。远端停车需求，可根据公交线路数、长途车站等级，按相关规定设置。

5）员工停车需求

近年来随着机场规模的扩大，大型机场员工少则几千、多则上万，各机场员工小客车停车、非机动车停车需求都比较突出。员工停车需求通过员工通勤量、通勤交通方式、24 小时班次安排等来预测各类停车需求。

3. 车位周转率

1）小客车车位周转率

目前，国内大型机场小客车停车位周转率正常情况下应为 6.0~8.0 次／日。但目前部分大型机场商务、旅游旅客的长时间停车，显著降低了小客车停车位周转率，极端情况下降低到 2.0~3.0 次／日。可通过设置远端停车场并结合价格调控等手段，提高航站区停车位周转率。

2）出租车车位周转率

一般机场出租车的运营时间为 6：00~24：00 共 18 个小时。出租车在蓄车场的排队等候时间多数需要 2~3 个小时，出租车蓄车场日均周转率 6.0~9.0 次。

3）中短途公交车、长途大巴车位周转率

公交车、长途大巴按照固定线路、固定时刻表运营，考虑到往返一次所需要的时间，车位日均周转率为 4.0~8.0 次。

4）旅游巴士、社会中巴车位周转率

旅游巴士、社会中巴多为汽车租赁公司或旅游公司运营，会尽可能缩短在机场等候时间。旅游巴士、社会中巴车位日均周转率为 4.0~6.0 次。

2.3.3　车道边交通需求预测

车道边指机场出发层、到达层道路用于旅客上下车的空间，包括临时停车位、人行空间，车道边的高峰运行状况对大型机场保障旅客快速到发具有重要影响。

1. 车道边需求预测

1）车道边需求预测方法

机场车道边停车需求通常由小客车、出租车、机场大巴、旅游巴士、中巴车辆等的车道边停车需求叠加而成。每一类型车道边长度主要由高峰小时停靠车辆数、平均停靠时间来计算。

$$L= \sum_{i=1}^{n} V_i T_i L_i/60 \qquad (2-3)$$

式中：L——总车道边长度；

i——第 i 种车辆类型；

V_i——高峰小时第 i 种车辆停靠数量（辆）；

T_i——高峰小时第 i 种车辆平均停靠时间（min）；

L_i——高峰小时第 i 种车辆平均停靠车道边长度（m/辆）。

2）基本预测参数

机场出发层——送客车道边需求通常包括小客车、出租车等小型车辆，以及机场大巴、社会大巴、社会中巴等大中型车辆停靠上下客需求。相对而言，小客车、出租车等小型车辆停靠时间短，停车空间小（表2-3）。

机场到达层——接客车道边要满足航站楼前交通管理需要，国内机场普遍将小客车接客车道边远离航站楼设置，楼前只有出租车、机场大巴等车辆允许上客（表2-4）。

出发层送客车道边预测参数　　　　　　　　　　　　　表2-3

相关参数	出租车	小客车	机场大巴	社会大巴	社会中巴
平均停靠时间（min）	2	2	5	5	3
平均停靠长度（m/辆）	7.6	7.6	20	20	10

相关参数	出租车	小客车	机场大巴	社会大巴	社会中巴
平均停靠时间（min）	1	—	20	10	10
平均停靠长度（m/辆）	7.6	—	20	20	10

2. 不同交通模式下车道边需求测算

机场各类车道边的需求主要由旅客吞吐量、旅客出行方式决定。客流规模越大、个体机动方式越高，各类车道边的需求越大。如果机场旅客集散以小客车模式为主，小客车、出租车比例按70%计算，每1000万人次旅客吞吐量高峰小时送客车道边长度需求约224m。如果以公共交通模式为主，将小客车、出租车比例控制在40%左右，每1000万人次旅客吞吐量高峰小时送客车道边长度需求约140m，车道边需求规模下降1/3以上（表2-5）。

建设各类轨道交通设施、提高公共交通集散比例，促进出发层车道边的合理使用，对大型机场增强客流吞吐能力、提高机场经营效率、改善旅客出行体验等具有重要意义。考虑到航站楼建筑正立面长度一般不超过400m，正常可提供两组平行且不超过800m的车道。不考虑其他影响航站楼保障能力因素的情况下，同样800m车道边，小客车集散为主的航站楼年旅客吞吐量最高达3600万人次，轨道交通集散为主的航站楼年旅客吞吐量可高达约5500万人

每1000万人次旅客吞吐量车道边长度 表2-5

交通模式	小客车主体模式			公共交通主体模式		
	比例（%）	车道占用（m·min）	车道边长度（m）	比例（%）	车道占用（m·min）	车道边长度（m）
出租车	30	4997	83	20	3332	56
小客车	40	6663	111	20	3332	56
机场大巴	20	1096	18	20	1096	18
社会大巴	5	411	7	5	411	7
社会中巴	5	247	4	5	247	4
轨道交通	0	—	—	30	—	—
合计	100	13414	224	100	8416	140

次。如果需要扩大规模，需设置多层送客车道边或在地面交通中心提供辅助送客车道边。

2.4 综合交通枢纽换乘预测

2.4.1 旅客换乘矩阵

旅客换乘矩阵预测了大型机场各类交通设施之间的换乘流向与流量，是大型机场地面交通中心、轨道交通、公交车、停车库等系统，以及各类行人通道、竖向交通设施、车道边等布局规划设计的重要依据。

旅客换乘矩阵对外交通包括机场、铁路、公路等所有对外交通设施，配套城市交通包括轨道交通、公交车、出租车、小客车、非机动车等各类城市交通。按照对外交通设施与配套城市交通设施之间的旅客流向，可以将旅客换乘矩阵中各类换乘划分为"外—外""外—内""内—外""内—内"四类。"外—内""内—外"换乘为对外交通设施与配套城市交通设施之间的换乘，如机场—轨道交通、机场—公交车之间换乘；"外—外"换乘为对外交通设施之间的换乘，如机场—铁路、机场—长途大巴之间换乘；"内—内"换乘为枢纽配套城市交通之间的换乘，如轨道交通—轨道交通、轨道交通—公交车之间换乘。

换乘旅客除了机场旅客外，还包括接送人员、员工、机场周边开发区域人员等（表2-6）。如果机场航站区及周边开发体量较大，机场配套交通（如地铁、公交、出租）"内—内"换乘需求将会增加。

2.4.2 旅客换乘矩阵预测方法

"综合集成"各种专项预测成果，是旅客换乘矩阵预测的主要方法。目前旅客换乘矩阵预测中涉及的专项交通预测技术比较成熟，如铁路、轨道交通、机场客流量预测及道路车流量预测等，关键是合理研究划分各种内外交通之间的交通量。

O \ D		对外交通设施			配套城市交通设施					
		机场	铁路	公路	轨道交通	公交车	出租车	小客车	非机动车	步行
对外交通设施	机场									
	铁路		"外—外"				"外—内"			
	公路									
配套城市交通设施	轨道交通									
	公交车									
	出租车		"内—外"				"内—内"			
	小客车									
	非机动车									
	步行									

1. 优先完成"外—内""内—外"换乘需求预测

对于大型机场换乘矩阵，对外交通与配套城市交通之间换乘需求预测是旅客换乘矩阵预测中最重要部分。依据对外交通旅客集疏运方式预测比例，分别预测"外—内""内—外"换乘需求。一般情况下，旅客换乘矩阵中的"外—内""内—外"两部分需求可以对称。

2. "外—外"之间换乘需求为机场与腹地交通需求

旅客换乘矩阵中"外—外"换乘需求预测，主要为大型机场面向腹地城市的交通集散需求预测，包括机场—铁路（客运专线、城际铁路）、机场—高速公路（小客车、长途大巴）之间换乘集散需求。大型机场辐射能力越强，"外—外"需求比例越高，如上海浦东国际机场有30%客流来自长三角，机场面向长三角的高速公路、高速铁路集疏运需求较大。

3. 周边开发产生的换乘量重点预测公共交通需求

机场周边开发产生的"内—内"城市日常换乘客流，对机场交通影响主要集中在地铁、公交车、出租车等主要公共交通站点以及相关出入道路，要重点预测轨道交通—步行、轨道交通—公交车、轨道交通—出租车、公交车—公交车的换乘量。

旅客换乘矩阵的"内—内"部分对角线，各种城市交通方式之间换乘，一般情况下可不预测。但是如果城市交通之间出现较大换乘量，如城市轨道交通与城市轨道交通之间换乘，为了保障枢纽服务水平，需要预测评估"内—内"换乘设施需求。

第3章 大型机场综合交通规划策略研究

3.1 国内外案例与启示

3.1.1 北京大兴国际机场

北京大兴国际机场位于北京市大兴区榆垡镇、礼贤镇和河北廊坊市广阳区交界处，为北京、雄安、天津三地围合成的三角形中心，距离天安门46km，距离雄安新区55km，距离廊坊市中心26km。机场初期满足4500万人次的年旅客吞吐量，近期规划达到7200万人次的年旅客吞吐量，远期规划1亿人次左右年旅客吞吐量。

北京大兴国际机场规划建设"五纵两横"4条高速公路、3条轨道交通线路，与北京、雄安等中心城市进行快速衔接。"五纵"包括京台高速、新机场高速、京开高速3条高速公路，以及轨道交通新机场线、京雄城际铁路2条轨道交通线路；"两横"包括新机场北线高速、城际铁路联络线一期（图3-1）。

北京大兴国际机场综合交通体系将快速轨道交通置于重要地位，京雄城际铁路、新机场线轨道交通车站直接位于航站楼下方，极大地方便了旅客换乘，提

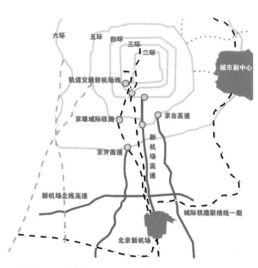

图3-1 北京大兴国际机场综合交通主干网络

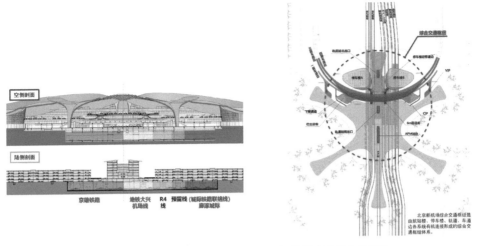

图 3-2　北京大兴国际机场交通中心及引入轨道交通线路示意图

升了轨道交通出行吸引力，北京大兴国际机场已成为国内空铁轨一体化衔接最便利的机场之一。此外，新机场线草桥站设置城市航站楼，办理值机和托运服务，未来将延伸至丽泽商务区，新机场线可与北京市区其他轨道交通线路实现便捷换乘（图 3-2）。

3.1.2　上海虹桥国际机场

上海虹桥国际机场是虹桥综合交通枢纽的重要组成部分，位于上海市西部，距离市中心 15km。虹桥综合交通枢纽是集航空主枢纽、铁路主枢纽、公路主枢纽、市域铁路主枢纽、地铁主枢纽于一体的世界级大型综合交通枢纽，具备强大的辐射上海中心城、上海市域、长三角不同区域的交通服务能力。

虹桥综合交通枢纽基于上海高速公路、快速路网络，新增建设"一纵四横"快速路网络，分别为嘉闵高架、北翟路、崧泽高架、延安高架、漕宝路，以加强虹桥综合交通枢纽与长三角高速公路网、上海市快速路网的快速衔接。城市轨道交通方面，新增"三横两纵"5条轨道交通线路引入虹桥综合交通枢纽，分别为地铁2号线、10号线、17号线和市域铁路虹桥机场—浦东机场联络线及嘉闵线（图 3-3）。

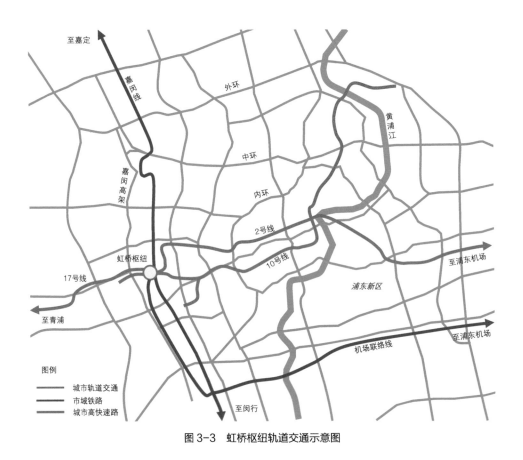

图 3-3　虹桥枢纽轨道交通示意图

空铁一体化立体综合交通枢纽是虹桥综合交通枢纽最显著的特征。虹桥高铁站与虹桥机场实现了 -9.500m 地铁站厅层、12.000m 高架出发层双层步行连通，步行距离 400 多米。空铁紧密衔接、互为补充，显著扩大了虹桥机场面向长三角的辐射服务能力，也提高了上海及长三角综合交通保障能力。空铁一体化枢纽的形成，促进了区域土地资源、综合配套、城市资源环境的集约化利用，促进了虹桥商务区的发展（图 3-4）。

虹桥综合交通枢纽完善的市域与城市轨道交通，围绕东、西两地铁站，形成机场东、高铁西两个交通换乘中心，分别服务机场和高铁站，实现整个枢纽公共交通优先出行。上海虹桥国际机场目前已经形成相对均衡的集疏运模式，机场公共交通集散模式的比例达到 40%，显著降低了道路交通集散压力（图 3-5）。

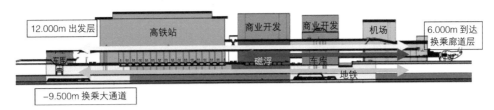

图 3-4　虹桥综合交通枢纽各层人行换乘通道

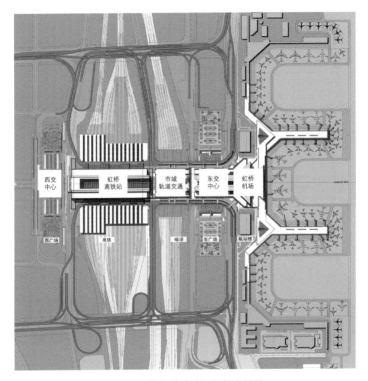

图 3-5　虹桥综合交通枢纽布局图

3.1.3　巴黎戴高乐国际机场

巴黎戴高乐国际机场（简称戴高乐机场）始建于 1966 年，位于塞纳河北岸的 Roissy 地区，距离巴黎市中心约 27km。戴高乐机场现共有 4 条跑道、3 座航站楼。2019 年，戴高乐机场旅客吞吐量达到 7490 万人次，位居全球第九位、欧洲第二位。

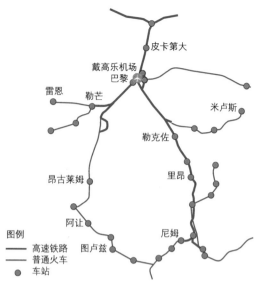

图 3-6　戴高乐机场铁路集散系统

为了满足机场庞大的对外交通需求，戴高乐机场构建了由各类轨道交通、道路组成的综合交通系统。其周边主要干道有 A1、E19、A104、D104、N2 等快速道路，机场与高速公路网的连接使旅客能够方便地到达法国任何地区。

戴高乐机场成功地将高速铁路和航空交通融合在一起，成为欧洲铁路网络的重要枢纽。在机场可以换乘高速铁路（TGV）到达欧洲其他地区。市域轨道交通（RER）B3、B5 线直达机场，并且能与其他轨道交通线换乘衔接。机场快线、机场大巴也提供了良好的转接服务（图 3-6）。

3.1.4　国内外案例启示

1. 构建快速道路、快速轨道交通两大骨干网络

快速道路主要由高速公路、城市快速路系统组成，快速轨道交通主要由高速铁路（干线铁路）、城际铁路、市域铁路和城市轨道交通（包括地铁、轻轨等）系统组成。依托快速道路和快速轨道交通两大骨干网络，构建大型机场多方式、多层次综合交通集疏运系统，可实现与市区、市域、周边城市以及更大区域的快速便捷的交通联系。

2. 打造空铁（轨）一体化综合交通枢纽

大型机场面向主要客流腹地方向，引入高速铁路、城际铁路并贴邻主要航站楼设换乘车站，通过多层步行通道或者捷运系统便利换乘衔接，打造空铁（轨）一体化综合交通枢纽。空铁衔接，包括航空主枢纽与铁路主枢纽衔接、航空主枢纽与铁路辅枢纽衔接等不同模式。

3. 设置直达市中心的城市轨道交通快线和城市航站楼

大型机场面向中心城市方向，规划市域铁路或者城市轨道交通快线衔接，以缩短与中心城市接驳时间。依托城市轨道交通快线，可设置城市航站楼并提供值机和行李托运服务，将机场服务延伸至城市中心。

4. 机场与城市一体发展

依托空港综合交通枢纽服务功能，聚集各类发展要素，带动临空区域城市开发，促进城市空间布局优化调整，培育城市经济新增长极，实现大型机场与城市一体发展。

3.2 大型机场综合交通规划要求

3.2.1 综合交通规划内容

大型机场综合交通体系，根据机场客货运输对外辐射联系、对内组织保障需要，主要包括以下几方面：①机场对外集疏运系统；②机场周边交通系统；③机场道路与停车交通系统；④航站区综合交通换乘系统；⑤智能与应急交通等。

1. 机场对外集疏运系统规划

机场对外集疏运系统，包括道路、轨道交通、公交巴士三大系统。道路系统规划包括高速公路、机场快速路、干线公路等机场对外干道系统规划。轨道交通系统规划包括国家铁路客运专线、城际铁路、市郊铁路、机场快线、城市地铁等各层次轨道交通线路及站点的规划。公交巴士系统包括机场专线大巴、常规公交、长途大巴等的线路、站点的规划。

2. 机场周边交通系统规划

机场周边交通系统规划，重点涉及与机场运营密切相关的道路交通保障系统，主要包括临空区域连接主进场路的主次干道网络、机场外围交通环线、外围货运道路、外围远端停车场、机场与临空区域城市轨道交通、陆侧捷运、公交线路等。

3. 机场道路与停车交通系统规划

机场道路与停车交通系统规划，主要包括机场范围内航站区、工作区、货运区各类道路与停车交通系统规划，道路系统规划重点是航站区出发、到达以及各类道路系统规划，停车交通系统规划包括小客车、出租车、网约车、公交巴士、社会巴士、非机动车等各类停车场站与蓄车场布局规划。

4. 航站区综合交通换乘系统规划

航站区综合交通换乘系统规划，围绕旅客换乘中心整合航站区各类交通方式，立体集约布局铁路与轨道交通车站、进出场道路及到发车道边、人行通道、各类停车场站、各种联络道等交通设施。

3.2.2 综合交通规划原则

大型机场综合交通体系，既要注重倡导公共交通、绿色低碳出行，也要针对机场旅客对出行时间、换乘便利程度等的需求，构建高效集疏运体系。

1. 快速集散

高等级道路与轨道交通系统，确保旅客和货物能够快速、顺畅地在机场与腹地城市之间往来，减少出行时间，降低换乘成本，拓展机场辐射范围，吸引更多客源和货源，增强机场竞争力。大型机场与中心城市主要区域最快出行时间宜控制在 30~45 分钟，与市域或都市区最快出行时间宜控制在 1~1.5 小时，与腹地城市群最快出行时间宜控制在 2~3 小时。

2. 便利衔接

大型机场航站区陆侧应实现多种交通高品质换乘衔接，旅客换乘流线简洁、换乘距离短、各类场站等待时间短，整体换乘体验良好。对于大型机场，主要换乘距离宜控制在 100~200m，最远换乘距离不宜超过 400m。各类场站等待时间一般不超过 15 分钟，最长不超过 30 分钟。

3. 绿色集约

机场交通组织布局，优先便利铁路、城市轨道交通、公交巴士、社会巴士以及各类客车合乘出行，降低小客车、出租车个体机动车需求，减少道路交通拥堵和环境污染。随着我国铁路、城市轨道交通的发展，大型机场绿色集约化出行比例宜达到 40%，小客车等个体机动车出行比例控制在 60% 以内。

4. 弹性灵活

大型机场综合交通体系具备足够的前瞻性和灵活性，既适应客货运输量、临空经济区等的不断发展需求，也具备较强的应急保障能力，在突发事件等特殊情况下，仍能保障交通系统的正常运转。

3.3 大型机场综合交通主要策略措施

3.3.1 面向腹地的多层次集疏运策略

大型机场综合交通体系规划，要构建以机场为中心，面向临空经济区、中心城市、都市区乃至城市群的多层次集疏运体系，形成以高（快）速道路、高（快）速轨道交通为核心的骨干交通网络，不断拓展机场交通时空圈，打造空陆紧密衔接的高效便捷、绿色智能的机场综合交通系统。

1. 辐射临空区域综合交通体系

临空经济区（航空城）一般指以机场为中心，5～10km 半径范围聚集各类临空产业的城市新发展地区。临空经济区与机场、中心城市以及更广泛区域均存在大量差异化的交通需求。

对于临空经济区，员工通勤、临空产业等使得机场与周边地区有频繁交通需求，联络机场内外各功能区主次干道网、陆侧捷运系统、公交线网、非机动车通道、货运与过境通道，都是重点规划交通体系。

临空经济区道路交通，既要强化机场与临空联系，促进机场与周边区域协调发展，又要保障机场和临空经济区各自形成面向中心城市方向的快速通道，避免机场交通与临空经济区交通相互干扰。对于轨道交通，应合理布局临空轨道交通线路及站点，密切加强临空经济区重点区域与机场的联系。

2. 辐射中心城市快速交通体系

中心城市是大型机场客源的最主要来源地（50%~90%）。中心城市具备完善的城市功能，商务、金融、科技、会展、文化等各种现代服务业集聚，国内外交流频繁，航空出行需求高。中心城市也是主要的人口集聚地，各种旅游、探亲等日常活动也产生大量的航空需求。

大型机场面向中心城市方向快速交通体系，需要重点针对中心城市各组团航空出行需求，提供高品质机场方向高（快）速路、机场轨道快线、机场大巴线路服务，构建 100~200km/h 快速交通体系是大型机场面向中心城市规划的重点内容。

3. 辐射腹地城市高速交通体系

鉴于巨大建设代价和大型机场枢纽运营要求，我国大型机场总体数量较少，大型机场还需服务广大腹地中小城市的航空客货运输需求，都市区及城市群是大型机场重要客源地。随着区域社会经济一体化发展，大型机场来自腹地都市区、城市群客流比例日益提高，如上海浦东国际机场 30% 客流来自长三角地区。

大型机场腹地城市一般分布在以机场为中心 300km 半径范围，各城市距离机场较远，需要重点规划高速公路、城际铁路连接机场，实现机场与腹地城市的高速交通联系。

根据区域交通需求和高速铁路网络布局，大型机场综合交通体系可选择 1 或 2 条高速铁路或城市快轨线路直接联系机场，沿线站点覆盖机场客流集中的主要城市和地区。在条件许可的情况下，机场周边国家高速铁路在有条件的情况下也应尽量加强与机场的直接联系，构建 100~300km/h 机场高速集散系统。

3.3.2　机场专用快速路策略

1. 机场对外专用快速路

对于大型机场旅客集散，各类巴士、小客车、出租车、网约车等道路交通承担了机场主要对外交通，各级道路承担集散比例高达 60%~100%，需要比较完善的道路系统支撑。机场货运集散、应急与保障也都依赖道路系统。

鉴于大型机场区位相对偏远，在各大城市已构建相对完善的快速路、高速公路网络的情况下，大型机场各主要航站区需要向外构建专用快速路，与外围快速路网、高速公路网进行直接衔接，打造面向中心城市、都市区乃至城市群的快速路网。对于多航站区，还需要围绕机场设置快速客运半环线或者全环线，实现各航站区专用快速路的互联互通。

通过机场专用快速路连接城市高（快）速路网，大型机场与中心城市要尽可能实现 30~45 分钟可达。机场周边 100km 半径范围，高速公路 60~80 分钟可达。机场 200km 半径范围，高速公路 100~120 分钟可达。

2. 专用快速路衔接布局要求

大型机场日进出车流量可达 10 万 pcu 甚至更高，道路交通压力大。在临空经济区，大型机场不仅可能设置联系多个方向的专用快速路系统，而且还需完善周边高速公路收费站及地面衔接干道，及时分流货运交通及临空区域到发交通，实现机场客运与货运、到发与过境交通相互分离，互不干扰。

面向中心城市方向，大型机场应尽量以机场专用快速路直接连接城市快速路网，实现与中心城市各区域快速路直达联系。如果机场距离中心城市较远，专用快速路可与高速公路系统进行联系。对于专用机场高速公路，应同步设置平行地面干道，保障恶劣天气高速公路关闭时机场仍能对外正常联系。

面向都市区、城市群广大腹地区域，大型机场对外专用快速路应尽快与区域高速公路网络进行连接，保障机场与腹地城市都能通过高速公路高效联系。

3.3.3 机场轨道快线策略

近年来为了满足我国大型机场和轨道交通发展需要，上海浦东、北京大兴等越来越多大型机场都设置了机场轨道快线，加强机场面向中心城市公共交通的快速集散能力。

1. 大型机场设置轨道快线意义

大型机场与中心城市距离远、客流量大且分布广。机场轨道快线站点少、运营速度快、出行成本低，轨道快线车站与城市地铁、公交等交通换乘便利，对机场旅客具有吸引力，从而提高机场轨道交通集散比例，减少小客车道路集散需求，缓解机场对外道路交通压力，提高旅客出行交通保障度。

此外，部分轨道快线绿色、低碳、科技、智慧，显著提升城市形象和知名度，促进城市对外开放和发展。例如，上海浦东国际机场磁悬浮快线日客流量1万多人次，发挥了重要的交通集散功能，而且国际知名度高。

2. 轨道快线制式与站点布局

大型机场轨道快线有地铁、轻轨、动车、磁悬浮等各种制式，最高设计速度，除了上海磁悬浮快线达到430km/h外，多为100~200km/h。

对于轨道快线站点布局，终点站应尽可能深入城市中心区域，并与城市轨道交通无缝衔接。为保障较高运营速度，要控制沿线站点数量，郊区站间距宜在5~10km甚至更长。在中心城市区域，对于航空换乘需求较大的中央商务区（CBD）、高铁综合交通枢纽、大型会展中心等重点区域，可根据需求适当加密机场轨道快线站点，尽量避免两点一线的简单形式，提高轨道快线服务范围。

3. 轨道快线规划建设策略

机场轨道快线重在交通功能，除了专用独立轨道线路外，还可根据城市实际情况，采用既有铁路改造、城际轨道交通串联，或在城市轨道交通网络中开行机场专列等多种形式灵活设置，降低建设与运营成本。

对于站点较多的轨道快线或既有线改造轨道快线，沿线客流较少的部分站点应设置越行股道，保证轨道快线具备开行大站快车的通行能力。此外，既有线改造轨道快线在用地许可条件下，预留远期形成专用轨道快线的条件，与既有轨道交通线路共走廊布设，减少对土地的分割和占用。

3.3.4 空铁一体化衔接策略

空铁一体化衔接将大型机场航站楼与客运专线、城际铁路等各类高速铁路有效衔接，形成大型机场面向腹地城市的空铁一体化运输体系。目前，我国上海虹桥、北京大兴、郑州新郑、武汉天河、海口美兰等一批大型机场，都实现了各种形式的空铁换乘衔接，显著促进了我国空铁一体化综合交通枢纽的发展。

1. 空铁一体化衔接的意义

空铁一体化衔接将大型机场航站楼与高速铁路车站在空间上有效连接起来，空铁换乘高效便利、体验良好，实现大型机场面向腹地城市提供更加高效的集散方式，对大型机场运输量增长、竞争力提高具有重要促进作用。空铁一体化衔接实现航空与铁路运输互为补充，显著提升城市乃至国家综合交通体系保障能力。例如，在大雾、雾霾等恶劣气象条件下，虹桥综合交通枢纽空铁紧密衔接，极大地方便了航空旅客转乘高速铁路应急出行。

德国法兰克福机场是欧洲四大枢纽机场之一，地面综合交通主要有高速公路、区域铁路和高速铁路三种形式。高速铁路 ICE 的引入，将法兰克福机场与欧洲高速铁路网连接起来，使得法兰克福机场与欧洲境内各地的铁路旅行时间大大缩短，2~3 小时的时间，可以从法兰克福机场到阿姆斯特丹、慕尼黑、布鲁塞尔、巴塞尔等欧洲城市。

2. 空铁一体化衔接的主要形式

1）航站楼与铁路车站紧贴布局，立体换乘衔接

铁路车站紧邻航站楼，站台平行或垂直于航站楼，站厅多设置在航站区乃至航站楼下方，机场旅客换乘铁路主要以立体换乘为主，平面换乘步行距离短，门到门距离至多数十米。这种形式空铁工程需同步设计、同步建设，协调要求高，铁路站宜为过境站，如京雄城际铁路在北京大兴国际机场航站楼下方设站。

2）航站楼与铁路车站近距离布局，步行通道衔接

铁路车站与航站楼分开布局，一般情况下站台与航站楼平行，间距100~400m，航站区交通换乘中心立体步行系统串联铁路车站与航站楼，旅客换乘步行 2~5 分钟，空铁换乘比较便利。此种形式空铁工程可以分开建设，铁路车站多为过境站，特殊情况下为铁路枢纽站。例如，虹桥综合交通枢纽虹桥高铁站为上海铁路主枢纽，16 站台、30 股道，空铁之间布设磁悬浮车站、机场东交通中心，换乘步行距离约 400m。

3）航站楼与铁路车站远距离布局，公共交通衔接

铁路车站与航站楼距离较长，无法构建步行换乘系统，空铁衔接需要借助公交、陆侧捷运、城市轨道交通等公共交通衔接，空铁一体化衔接影响因素较多。目前，我国部分大型机场与区域高速铁路车站距离较长，可通过城市轨道交通加强衔接。

3. 空铁一体化衔接发展趋势

未来空铁一体化衔接，不仅要实现物理空间的融合，便于旅客步行换乘，而且要加强空铁时刻表对接乃至票务系统融合，提供行李直挂等服务，提供空铁一体化服务，提升旅客出行体验。空铁一体化衔接，形成大型综合交通枢纽，国内外联系便利、交通保障度高，有助于带动周边地区临空产业、枢纽经济发展，提升城市吸引力和竞争力。

3.3.5 多层次轨道交通策略

大型机场每日进出车流量可达 10 万 pcu，道路交通不仅易拥堵而且出行保障度低。依托各类轨道交通，提升旅客公共交通集散比例，越来越成为各大机场综合交通发展的重点。目前，国内部分机场轨道交通集散比例已达 30% 左右。

根据机场轨道交通辐射服务范围不同，机场轨道交通可以分为机场捷运、常规轨道交通、轨道快线、城际铁路、国家高速铁路等几类。机场捷运主要服务机场及临空地区，常规轨道交通主要提供机场与周边常规轨道交通联系，轨道快线实现机场与都市区主要城市组团大站快线联系，城际铁路联系机场腹地核心城市，国家高速铁路实现机场与国土范围中心城市高速铁路连通。各类轨道交通具有不同的服务速度、运输能力，相对应的最佳服务范围也各不相同。大型机场轨道交通系统可能是上述一种、几种甚至全部方式的组合（表 3-1）。

大型机场轨道交通分类　　　　　　　　　　　　　　　　表 3-1

分类	运营速度（km/h）	制式	服务范围
机场捷运	20~30	APM 独轨系统	机场范围
常规轨道交通	30~60	城市轻轨 城市地铁	所在城市
轨道快线	60~160	城市轨道 快速铁路	都市区重点组团
城际铁路	160~250	高速铁路	城市群
国家高速铁路	250~300	高速铁路	国土范围

3.3.6 综合交通一体化策略

1. 综合交通一体化策略的重要性

大型机场综合交通一体化策略是指将航空、铁路、道路、城市轨道交通、公交等各种交通方式，从布局、换乘、运营、管理等方面进行有效整合和协同发展，形成一个高效便捷、安全可靠的综合交通运输系统。大型机场无论在规划建设阶段，还是在后期运营管理阶段，都要遵从一体化交通的要求，提升旅客出行便捷性，使乘客能够快速、顺畅地在机场与其他交通方式之间转换衔接。

2. 综合交通一体化主要要求

1）航站区交通换乘一体化

大型机场航站区陆侧交通可能集聚铁路、轨道交通、捷运、公交巴士、出租车等各种交通换乘方式，通过设置旅客换乘中心，并在公交优先、人车分离、立体交通等多种理念指导下，合理组织布局各类交通场站，在空间上实现航站楼—旅客换乘中心—各类场站一体化"无缝"衔接。

2）近端、远端交通配套一体化

大型机场航站区陆侧空间要优先布设轨道交通、巴士等公共交通车站以及高周转率小客车停车场，在空间不足的情况下，长途大巴与公交车过夜停车场、出租车蓄车场、小客车长时间停车场、员工停车场等一般都可在航站区外围布设。外围配套交通设施，可通过捷运、公交等系统加强与航站区的联系，构建航站区内外一体化交通系统。

3）机场与公共交通运营一体化

大型机场与公共交通运营一体化，除了正常情况下保障机场与公共交通在运营时间、运力投入方面协调匹配，还要在夜间较多航班延误的情况下，保证相关轨道交通、公交车、出租车提供应急交通服务。未来打破航空、铁路、长途客运等管理部门的"隔阂"，提供一站式票务、行李直挂等高品质交通服务。

第 4 章　航站区陆侧道路系统布局研究

4.1　航站区布局对陆侧交通的影响

4.1.1　航站区数量的影响

对于大型机场，如果旅客年吞吐量超过 5000 万人次，为了避免集中一个航站区造成航站楼处理能力紧张、陆侧交通压力过大，需要设置多个航站区，一般以 2 个航站区布局为主。

对于每个航站区，原则上都要形成完善的陆侧交通体系，航站区之间也需要考虑车行系统联络，这些都对外围高速公路、快速路等集散干道走向与布局产生重要影响。

4.1.2　航站楼数量的影响

航站楼作为大型机场航站区空侧、陆侧交通衔接的主要建筑，当前主要有集中式、分散式两种布局方式，两种布局都比较普遍。相对而言，美国、欧洲等地区的发展历史较长的大型机场，受客流增长、建筑技术、旅客组织模式等影响，采用分散式航站楼布局方式的相对较多。例如，洛杉矶机场共有 9 座中小型航站楼。

对于一些新兴地区大型机场，基于预期客流增长迅速、现代建筑技术发展、城市形象展示等需要，采用"大型航站主楼 + 卫星厅"布局已经成为重要趋势，航站主楼的建筑体量可达 50 万 ~100 万 m^2，如北京首都国际机场 T3 航站楼、北京大兴国际机场航站楼、西安机场 T5 航站楼等。

大型机场航站楼采用集中式还是分散式布局，对航站区陆侧道路系统会产生根本影响。理论上，每座航站楼都需要到达、出发道路衔接，并连接航站区主要进出道路。航站区内航站楼数量越多，道路交通组织要求越高、越复杂。

4.2 航站区道路设施与交通组织分类

4.2.1 航站区道路交通发生吸引点

大型机场航站区内公共与特殊设施众多，各类车辆、各种交通出入频繁。航站区道路系统布局研究，首先要明确航站区各类设施布局，确定航站区对内、对外各类车流发生吸引点。

1. 主进出场通道

航站区主进出场通道连接航站区与外围高速公路、快速路等各类干道系统，实现航站区车流快进快出。航站区主进出场通道一般由快速路或主线连续交通型主干道组成。主进出场通道在形式上主要有高架、地面或地下道路形式，此外还可能设置平行辅路作为工作区、货运区与航站区的专用联系道路。

2. 常规旅客交通设施

近年来，随着综合交通枢纽的发展，大型机场航站区旅客停车设施、公交场站设施、轨道交通车站往往综合形成 GTC，但各类车流的出入仍需要分类组织考虑。

1）出发送客车道边

送客车道边为航站楼各出发层送客车道边，包括小客车、出租车、机场大巴、社会巴士等各类送客车道边。

2）到达接客车道边

接客车道边为航站楼到达层接客车道边，包括出租车、机场大巴、社会巴士、网约车、小客车等各类接客车道边。

3）旅客停车设施

停车设施包括各类小客车停车库、大客车停车场，以及出租车近端停车场（调节池）等。

4）公交场站设施

公交场站设施包括机场专线大巴、长途大巴、公交车等公交巴士上下客站点与临时停车场。

5）轨道交通车站

轨道交通车站包括高速铁路车站、城市轨道交通车站等类型，一般情况下轨道交通客流主要由机场旅客、员工组成，轨道交通车站周边道路需要考虑消防、急救等特种车辆进出需要。如果航站区轨道交通车站具有区域服务功能，道路系统还需要满足临空区域客流各类交通衔接需要。

3. 特殊旅客交通设施

特殊旅客主要指 VIP，一般包括政务 VIP 和商务 VIP 旅客。特殊旅客交通设施包括 VIP 楼前车道边（上下客）及临时专用停车设施。

4. 各类服务配套设施

1）宾馆酒店

航站区宾馆与航站楼距离不一。距离较短，旅客步行就可到达；距离稍长时，旅客需要车辆接送。

2）商务办公

航站区规模较大时，可能会进行一定规模商业办公开发，发挥机场周边高价值土地的开发价值。

3）配套设施

除了航站楼、停车库、贵宾厅、宾馆酒店、商务办公区等直接服务旅客与员工的设施外，航站区可能还建有塔台、海关、能源中心等相关管理与市政设施，员工对外有通勤交通、业务联系要求。

4.2.2 航站区道路功能与交通组织分类

对于同一航站区，由于航站区内部道路布局、交通组织的差异，即使对外交通量一致，不同方案下内部各条道路的交通流量也可能差异较大。预测航站区内部道路交通需求，需要全面分析航站区内部各条道路交通流组成，微观交通仿真是分析航站区内部各条道路交通需求的必要手段。

1. 道路功能分类

1）旅客进场主通道

一般1或2条交通主干道，地面道路或高架道路形式，来自不同方向。旅客进场主通道与航站区单向循环道路系统进行衔接，有序引导小客车、大客车、长途车、公交车、出租车等各类车辆进入各自场站。

2）旅客出场主通道

一般1或2条交通主干道，地面道路或高架道路形式，对外通向不同方向，对内与航站区单向循环道路系统进行衔接，有序疏导小客车、大客车、长途车、公交车、出租车等各类车辆离场。

3）出发层接入联络道

从进场主通道分出、连接出发层车道边的联络道，一般为高架匝道形式，参照采用城市次干道等级。

4）出发层驶出联络道

连接出发层车道边至出场主通道的联络道，一般为匝道形式，车流包括各类出发送客车流，参照采用城市次干道等级。

5）到达层接入联络道

从进场主通道分出、连接到达层车道边的联络道，一般为"匝道＋地面道路"形式，国内多数仅允许出租车、公交车、酒店巴士等进入接客，小客车多数不在航站楼前停车上客，参照采用城市次干道等级。

6）到达层驶出联络道

连接到达层车道边至出场主通道的联络道，一般与出发层驶出联络道合流后并入出场通道，一般为"地面道路＋匝道"形式，参照采用城市次干道等级。

7）停车库接入联络道

从进场主干道分出、连接到停车库的联络道，鉴于机场往往拥有多个停车库，车库接入联络道可以从进场主干道统一分出后再通向各停车库，也可以从进场主干道依次分出通向相关停车库。道路形式一般为地面道路或匝道形式，参照采用城市次干道等级。

8）停车库驶出联络道

连接停车库至出场主干道的联络道，可以多条停车库驶出联络道合并后统一接入出场主干道，或者依次分别接入出场主干道。道路形式一般为地面道路或高架形式，采用城市次干道等级。

9）循环联络道

航站区道路系统多采用逆时针单向交通组织，不同方向车流进出道路的连接、管理车辆的巡场等都需要循环联络道，保证航站区形成连续不断逆向交通循环圈，采用城市主干道或次干道等级。

10）进出次通道

对于大型机场，除了进出主干道外，往往也设置1或2条进出次通道，主要为航站区—工作区、航站区—货运区、VIP旅客出入等提供专用通道，一般仅供员工车辆、VIP旅客车辆、货运车辆通行。道路按次干道或支路等级，单、双向按照交通组织需要，未必与航站区逆时针循环交通同步。

2. 航站区道路交通管理流程

大型机场航站区道路交通规划设计，不能脱离航站区交通设施布局与运营管理流程，需要结合实际运行过程中各种可能需求，进行道路交通流程设计。

1）小客车出发交通

航站楼出发送客车辆交通，不停车送客主要按照"进场—出发送客车道边—下客—离场"流程，停车送客则包括先停车和后停车两种模式，先停车模式为"进场—进停车库—下客—停车—离场"，后停车模式为"进场—出发送客车道边—下客—进停车库—停车—离场"流程。

2）小客车到达交通

航站楼到达接客车流交通，停车接客主要按"进场—进停车库—停车—

上客—离场"流程，不停车接客主要按照"进场—接客车道边—上客—离场"流程。

3）公共交通

公共交通主要包括出租车和公交巴士流程。

对于出租车，要考虑送完客后蓄车、接客等要求，主要按照"进场—出发送客车道边—下客—离场—远端蓄车场—近端停车场—到达接客车道边—上客—离场"流程，当然送完客后空车直接离场不再接客或外来空车直接进蓄车场排队等候接客也是要考虑的交通流程。

对于公交巴士，要按是否设置候车厅来确定流程。对于航站楼前直接上下客线路，如机场专线大巴、公交线路，主要按照"进场—出发送客车道边—下客—到达接客车道边—上客—离场"流程。对于这种模式，如果需要停车，少量停车就直接在到达接客处停车，大量停车须在航站区外围远端停车场停车，实现站场分离模式。

对于需要专用站厅的线路，如长途大巴，在航站区往往设置长途客运站，旅客上下车均在车站内，车辆交通按"进场—进站—下客—上客—离站—离场"流程。

4）VIP交通

VIP交通主要指服务机场VIP旅客的交通流程，VIP旅客直接经贵宾厅候机、登机或下机、离场，进出场交通、到发流程往往与一般旅客主流程分开组织，VIP旅客送客车辆按照"进场—下客—贵宾停车场停车—离场"、接客车辆按照"进场—贵宾停车场停车—上客—离场"流程组织。

5）酒店巴士

酒店如果与航站楼有一定距离，不能设置专用人行通道连接航站楼，需要考虑酒店巴士等相关车辆的接送流程。对于出发旅客，需要满足"酒店—出发送客车道边—下客—到达接客车道边—上客—酒店"流程组织。

3. 航站区道路交通流线分类

大型机场航站区各类道路连接对外干道、接送客车道边、停车场（库）、VIP及其他各类旅客服务设施，交通流线数量可达近百条。为了便于交通组织及设施规划分析，需将各类交通流线按照重要程度进行分类，包括主要流线、次要流线、可能流线（表4-1）。

1）主要流线

航站区主体交通流线，至少包含航站区80%以上的车流量，主要包括接送旅客、公交车出租车站场循环等流线，通常具有安全、快速、简洁的要求，是所有航站区道路规划设计都需要满足的重点需求。

2）次要流线

航站区必要交通流线，一般占航站区10%~20%的车流量，主要包括各类员工通勤、日常运营、旅客次要需求等流线，通常具有安全、方便、可靠的要求，是所有航站区道路规划设计需要注意满足的必要交通要求。

3）可能流线

航站区非必要交通流线，车流量通常占航站区的5%，但鉴于各类航站区由于设施布局、组织管理的不同，可能产生不同交通需求，主要与各类服务配套设施相关，航站区道路规划设计可以根据实际情况灵活处理，保障有路通行。

4.3　航站区道路系统布局

4.3.1　基本布局原则

航站区道路系统对外连接主进场通道、工作区，对内联系各类大小客车停车场（库）、到发车道边等各类配套设施，道路系统面临需求多、组织难、变化多等问题，是航站区交通研究的重点与难点。

1. 按需设置、有序布局

大型机场日进出车流量可达10万pcu，道路规模要能承载各类车辆进出交通量。航站区道路网络布局，要适应航站区各类交通组织与运营管理需求。在交通需求多、空间紧张状况下，要按照主要流线优于次要流线优于可能流线

航站区交通车流流线矩阵及分类

表4-1

O ＼ D	对外干道 进口	对外干道 出口	送客车道边	停车设施 车库	停车设施 出租车停车场	停车设施 巴士停车场	接客车道边 出租车	接客车道边 巴士	公交枢纽	VIP旅客服务设施	服务配套 宾馆酒店	服务配套 商业办公	服务配套 管理配套
对外干道 进口		可	主	主	主	主		主	主	主	主	主	次
对外干道 出口	可		主	次	主	主							
送客车道边		主		可	主	主		可	可	可	主	主	可
停车设施 车库		主	可					可		可	可	可	可
停车设施 出租车停车场		主					主			可	可	可	可
停车设施 巴士停车场		主						主	主	可	主	可	可
接客车道边 出租车		主											
接客车道边 巴士		主	可			主			可	可	可	可	可
公交枢纽		主				可		可		可	可	可	可
VIP旅客服务设施		主	主	可	可	可		可	可		主	主	可
服务配套 宾馆酒店		主	主	可	可	可		可	主	主		主	次
服务配套 商业办公		主	可	可	可	可		可	可	主	主		次
服务配套 管理配套		次	可	可	可	可		可	可	可	次	次	次

注："主"为主要流线；"次"为次要流线；"可"为可能流线。

的优先次序，优先确保高等级交通流程道路空间需求，按优布局，避免因主次不分导致道路布局困难、方案复杂，并节省各类道路建设投资。

2. 单向交通、到发分层

大型机场航站区道路交通流向多、节点冲突多、交通流量大，交通组织不善很容易形成拥堵节点。为了减少道路拥堵节点，航站区多以逆时针单向交通组织，对外连接主要集散道路，对内连接航站楼各类到发车道边、停车设施，在航站区范围内形成连续、畅通的交通流。

为了安全有序组织旅客到发，大型机场航站楼一般上进下出、到发分层设置，航站区道路系统分别与航站楼到达、出发车道边进行衔接。对于多航站楼航站区，是采用"先分航站楼，再分到发"，还是"先分到发，再分航站楼"，直接影响航站区道路交通组织的基本格局和复杂程度。

3. 公交优先、站场分离

大型机场航站区道路系统连接出发、到达各类车道边，连接各类公交巴士车站。对于出发、到达各类车道边，要按照公交巴士优于出租车、优于小客车的优先顺序，组织道路空间划分，越贴近航站楼，公共交通越方便。例如，出发层车道边内侧可设公交巴士专用下客车道边，到达层内侧可设公交巴士、出租车专用上客车道边。

航站区道路系统布局，要满足公交巴士、出租车"站场分离"要求。公交巴士、出租车上下客点要有比较便利的道路联系外围停车场站。对于出租车，为了有效管理需要，避免车辆随机插队，甚至需要设置专用出租车通道。

4. 人车分离、慢行完善

大型机场航站区除了大量车流出入外，航站区铁路、地铁、公交、停车等设施都有大量人流出入，行人如果直接穿越道路，与车流冲突的问题将非常突出。机场道路设施的布局需要注重天桥、地道等各类立体过街人行设施的设置，实现人车分离，保障人行过路安全。

目前，我国大型机场员工通勤方式中，非机动车比例总体较高，许多机场员工非机动车交通需求较大。道路系统布局要注重结合当地实际情况，尽可能形成比较完善的非机动车通道与停车设施，避免非机动车乱穿乱停，从而影响道路交通安全。

5. 主次结合、兼顾开发

大型机场航站区道路系统，除了旅客主循环系统，还要根据需求同时设置航站区—工作区、货运区以及 VIP 旅客设施等的次要、独立的出入通道。此外，近年来随着我国临空经济发展，充分发挥航站区土地价值、进行航站区综合开发的需求日益突出。对于有综合开发需求的航站区，在确保旅客交通的前提下，要注重避免主通道对可开发地块的分隔，尽量预留整体开发空间。

4.3.2 航站区主进场通道布局

根据主进场通道衔接航站楼数量、对外衔接通道数量、是否贯穿航站区，航站区主进场通道布局可以分为单航站楼单尽端式、单航站楼双尽端式、多航站楼单尽端式、多航站楼多尽端式、多航站楼"贯穿＋尽端"式等多种形式。

1. 单航站楼单尽端式

单航站楼单尽端式是航站区主进场通道的基本布局。航站区外围一条或多条道路，在航站区外围合流成一条道路后，在航站区内采用单向循环交通衔接航站楼、GTC 等设施。单航站楼单尽端式道路布局，航站区内交通"到发分层、单向循环"，交通组织简洁清晰。随着我国一些大型机场航站楼的应用（如北京首都国际机场 T3 航站楼），单航站楼单尽端式道路布局仍然具有很强的吸引力。

2. 单航站楼双尽端式

航站区主进场通道单航站楼双尽端式布局，航站楼与外围主要集散道路形成两个尽端式道路布局，如"东进东出、西进西出"。主进场通道单航站楼双尽端式布局，对内可以增加航站楼到发车道边，提升航站楼旅客处理能力；对外，航站区与外围多条道路直接联系，减少车辆在机场外围绕行，增加机场进出能力，降低唯一通道风险。对于单航站楼双尽端式道路布局，不同方向之间交通联系组织往往比较复杂。目前，上海虹桥国际机场 T2 航站楼、亚特兰大机场国际航站楼等少数机场采用此种形式（图 4-1）。

3. 多航站楼单尽端式

航站区多航站楼单尽端式布局，多座航站楼共用一个尽端式道路系统组织车流的进出，航站区内道路交通组织总体遵循"先分到发，再分航站楼"模式，交通方向比较清晰。但是，该模式在出发主通道上，前续航站楼离场车流与后续航站楼进场车流往往容易造成比较明显的车流交织。为了减少交织，每座航站楼需要增加下匝道。此外，如果航站区较大，航站区车流存在一定绕行，主通道车流量一直比较高。

鉴于机场的发展是一个长期的过程，各航站楼也是逐步建设运营，更易形成多尽端式布局。此外，多航站楼只有形成围合式布局时，才便于共用一套尽端式道路系统。因此，多航站楼单尽端式道路系统应用相对较少，国外主要有芝加哥机场等采用此类模式，西安机场西航站区改造也借鉴了该类模式。

4. 多航站楼多尽端式

多航站楼多尽端式道路布局，进场主通道按照航站楼的分布，逐步分叉通向各航站楼，每座航站楼形成自己相对独立的尽端式道路系统。

多航站楼多尽端式道路布局在航站区的交通组织，实际按照"先分航站楼，再分到发"模式进行组织。由于进场车流需要逐步分流到各航站楼，出场

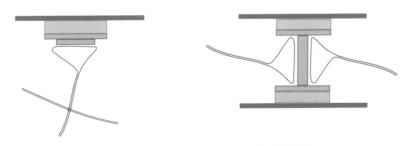

图 4-1 单航站楼单尽端式与双尽端式道路布局

车流需要从各航站楼逐步合流，为了减少各类车流交织，航站区一般设置各类简易立交或定向匝道，最终道路系统表现比较复杂。

多航站楼多尽端式道路布局，可以比较好地适应机场航站楼分期建设的需要，在主要大机场中比较普遍，约三分之一的大机场航站区采用了这种道路布局形式。上海浦东机场、新加坡机场、东京成田机场等航站区道路系统都采用这种形式（图4-2）。

5. 多航站楼"贯穿+尽端"式

多航站楼多尽端式道路布局，随着航站区航站楼数量的增加，航站区内部道路交通组织、系统布局复杂程度成倍增加。对于两个以上航站楼的航站区，可以通过主通道贯穿整个航站区，主要航站楼在主通道两侧分布，从主通道引出多个单向循环道路，分别联系两侧航站楼，在航站区形成主通道贯穿、次通道联系航站区的多航站楼"贯穿+尽端"式道路系统布局（图4-3）。

多航站楼"贯穿+尽端"式道路布局，使航站区对外主通道与多个方向直接连接，避免了车辆在机场外围的绕行，直接提升了航站区对外车流集散能力。同时，也简化了航站区内多个航站楼的到发车流组织。对于一些布局比较特殊的大型机场，如巴黎戴高乐机场、达拉斯—沃思堡机场、广州白云机场等，都采用了类似布局。

图4-2　多航站楼单尽端式与多尽端式道路布局

图4-3　多航站楼"贯穿+尽端"式道路布局

4.3.3　航站区到发交通组织模式

1. 先分到发，再分航站楼

在"先分到发，再分航站楼"模式中，车辆进入航站区后，先按旅客出发、到达性质引导分流，出发旅客送客车辆直接经高架道路到达各航站楼出发层，到达旅客接客车辆从地面道路进入停车场或接客车道边 [图4-4（a）]。

2. 先分航站楼，再分到发

在"先分航站楼，再分到发"模式中，车辆进入航站区后，先按旅客目标航站楼引导分流，各航站楼接送车辆先通过地面道路到达各航站楼区域，然后通过各自高架、地面系统分别去往出发层送客和到达层接客 [图4-4（b）]。

4.3.4　航站区道路网布局

鉴于航站区位置与空间条件、航站楼建筑形态与分布等多种因素的影响，航站楼道路系统往往是各类道路布局形式的组合，并没有统一布局标准。但是，航站区交通组织普遍遵循"单向循环、主次分明，到发分层、立体交通"的基本原则。

1. 单向循环、主次分明

我国机动车靠右行驶，航站区一般采取逆时针交通组织，面对航站楼总体

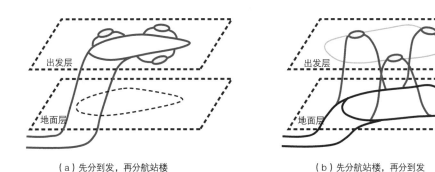

（a）先分到发，再分航站楼　　　　（b）先分航站楼，再分到发

图4-4　航站区两种到发交通组织模式

呈"右进左出"，有序分流和合流，减少大角度交织，减少信号灯设置，从而在航站区提供连续、高效的道路交通流组织。

航站区各类交通流线众多，在满足各条路径需求的同时，对交通流线进行分类，有限的通道资源优先保障旅客到达、出发各类主要车流逆时针单向循环需要，确保快捷安全。对于VIP、办公商业、工作区等的车流出入，尽管从需求规模角度属于次要交通，但不可或缺，需要提供便捷路径。对于各类可能或者不鼓励交通，路通即可。

2. 到发分层、立体交通

结合航站楼内旅客上层出发、下层到达标准流程，出发送客车流、到达接客车流分层组织，更有利于提高航站楼前交通效率，减少占地，保障秩序。

航站区各类道路布置要满足流程和管理要求。对于进场车辆，要提供从主进场路至出发车道边的快速通道，或沿途引导车辆到各自停车场。对于离场车辆，同样提供快速离场道路。

在进行车行流线设计时，除了流线简洁合理，还要避免相关流线分流、合流、交汇时产生交织，必要时要通过专用匝道、专用通道减少车流交织，保障主要道路的畅通。例如，设置专门出租车接客通道。

4.3.5　航站区道路系统交通仿真分析

大型机场航站区陆侧道路交通具有流量大、流向多等主要特征，各类交通流线多达几十条，交通组织的不合理很容易造成相关车流交织，并引起较严重的拥堵和安全事故。

对于航站区道路系统交通组织方案，需要进行完善的交通需求与仿真分析。通过交通仿真，不仅可以对主要路段高峰道路通行状况进行模拟分析，而且通过对各条车流进行追踪，可以发现交通组织方案各车流交织点，并基于道路系统方案评价交织段是否足够。目前，主流交通仿真软件主要有VISSUM和TransModeler。

4.4 航站区车道边系统

4.4.1 航站区车道边功能与分类

航站区车道边主要满足车辆进（出）与停车、旅客上（下）车需求，实现人车结合、人车分离的功能。车道边系统主要由车行道、停车道、人行道等设施组成，根据不同标准分类如下。

1. 按旅客到发类型

航站区车道边按服务旅客到达、出发需求，可以分为出发车道边、到达车道边。一般而言，出发车道边组织不分车种或者只分大、小车；到达车道边按照到达接客车辆的停车位置，各自分散设置。

2. 按车辆停靠类型

航站区车道边按车辆停靠类型可以分为小客车车道边、出租车车道边、网约车车道边、公交车车道边、社会巴士车道边、酒店车辆车道边等。

3. 按停车位设置

航站区车道边按车辆停靠位相对于人行道的设置形态，可以分为平行式车道边、斜列式车道边、垂直式车道边。其中，斜列式车道边主要服务公交巴士、出租车等停车上下客，垂直式车道边主要用于车库内停车上下客（图4-5）。

4.4.2 航站区车道边系统布局

我国大型机场到达、出发分层组织，出发层设置高架车道边、到达层设置

（a）平行式车道边　　　　（b）斜列式车道边　　　　（c）垂直式车道边

图4-5　各种类型车道边形式

相关地面车道边，各类车辆交通组织不同，车道边的形式也不尽相同。

1. 出发车道边系统布局

出发车道边系统主要服务出发旅客在出发层的各种停车下客需要，通常平行于航站主楼设置。

1）单路车道边系统

单路车道边系统指航站楼楼前只有一条道路连接出发层并设置下客车道边。主进场路单航站楼单尽端式、多航站楼单尽端式的道路布局的出发车道边系统，都属于单路车道边系统。多航站楼多尽端式、多航站楼"贯穿＋尽端"式组合的主进场路车道边系统在每个航站楼前多数也是单路车道边系统。由于单路车道边系统中一座航站楼只有一条道路连接航站楼出发层，交通组织与指示比较简洁，是目前多数大型机场出发车道边的主要形式（图4-6）。

2）多路车道边系统

多路车道边系统指每座航站楼有两条甚至多条道路，在航站楼前不同空间设置多组出发车道边系统。多路车道边系统可以采用位于航站楼两侧同层平行布置、位于航站楼一侧错层平行布置、结合GTC垂直航站楼布置等多种形式。

多路车道边系统的出现，主要适应了当前大型机场超大型单体航站楼对超长车道边的需求。除了单航站楼双尽端式主进场路系统是典型的多路车道边系统外，单航站楼单尽端式主进场路也可以再分出一条道路，设置多层车道边。

多路车道边系统相对于传统单路车道边系统，可以提供更长的车道边满足更多旅客停车下客需求，提高了航站楼旅客处理能力。但是，多路车道边系统由于主进场路分叉较多，航站区交通组织相对于单路车道边系统要复杂许多（图4-7）。

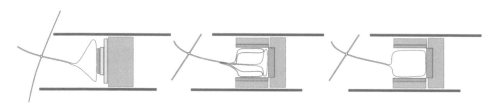

图4-6　航站楼出发层单路车道边系统

　　大型机场综合交通理论与西安实践

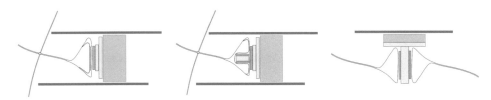

图 4-7　航站楼出发层多路车道边系统

2.到达车道边系统布局

到达车道边系统主要服务到达旅客的各种类型的上车需要，为了更好地组织和管理，到达车道边相对于出发车道边，各处停车上客点功能更专一，出租车、公交巴士、小客车等一般都提供专用上客车道。

1）平行式车道边系统

平行式车道边系统，指服务到达旅客的出租车、公交巴士、小客车等各类车辆的接客都在航站楼前平行布设。大型机场为了避免人车交织，一般自航站楼引出二层步行廊道，并通过步行廊道与各车道边连接。从公交优先、公共安全等角度考虑，机场专线大巴、公交车、出租车等车辆的上客车道边，相对而言更贴近航站楼（图 4-8）。

2）结合 GTC 功能布局的车道边系统

近年来，我国大型机场 GTC 已经快速发展成为包括轨道交通、公交、长途客运、各类停车以及大型商业的交通综合体，甚至部分航站楼的功能（如值机、行李托运等功能）也部分引入 GTC。

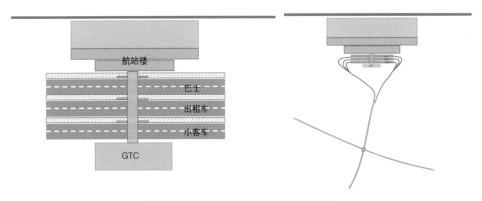

图 4-8　航站楼到达层平行式车道边系统

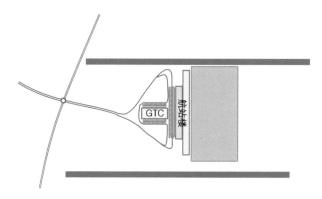

图 4-9　航站楼到达层与 GTC 车道边系统

在 GTC 自身贴近航站楼综合交通枢纽的情况下，航站楼旅客到达层的接客车道边已无必要在航站楼门口设置，公交巴士、出租车、小客车等车辆可在 GTC 设置接客车道边，航站楼前只剩部分类型车辆（如出租车）或没有车辆接客，楼前道路仅仅作为紧急通道使用（图 4-9）。

4.4.3　航站区车道边断面

1. 出发层车道边断面形式

对于大型机场，出发层车道边至少设置两组"平行车道边 + 过境车道"。两组平行车道边可以分为两组平行混合车道边、内侧巴士外侧小客车车道边等形式。

（1）两组平行混合车道边

两组平行混合车道边都可以停靠小客车，但大巴车辆停靠往往位于内侧车道边的前方，断面形式通常为：内侧人行道 + 内侧停车道 1+ 内侧停车道 2+ 内侧过境车道 + 外侧人行道 + 外侧停车道 1+ 外侧停车道 2+ 外侧过境车道 1+ 外侧过境车道 2，断面宽度常在 30~35m。

例如，从内到外：5m（内侧人行道）+4m（内侧停车道 1）+3.5m（内侧停车道 2）+3.5m（内侧过境车道）+4m（外侧人行道）+4m（外侧停车道 1）+3.5m（外侧停车道 2）+3.5m（外侧过境车道 1）+3.5m（外侧过境车道 2），道路总宽度 34.5m[图 4-10（a）]。

　　　　　　　　大型机场综合交通理论与西安实践

（2）内侧巴士外侧小客车车道边

内侧巴士外侧客车平行车道边形式中，内侧仅允许机场专线大巴、公交车、社会巴士、酒店巴士等车辆通行停靠，更好地保障大运量集约交通的停靠，断面形式通常为：内侧人行道 + 内侧巴士停车道 1+ 内侧过境车道 + 外侧人行道 + 外侧停车道 1+ 外侧停车道 2+ 外侧过境车道 1+ 外侧过境车道 2，车道数比两组平行混合车道边少 1 条，断面宽度常在 27~32m。内侧巴士车道边可以采用平行式或斜列式停车位。

例如，从内到外：5m（内侧人行道）+4m（内侧巴士停车道 1）+3.5m（内侧过境车道）+4m（外侧人行道）+4m（外侧停车道 1）+3.5m（外侧停车道 2）+3.5m（外侧过境车道 1）+3.5m（外侧过境车道 2），道路总宽度 31m[图 4-10（b）]。

相对而言，两组平行混合车道边灵活性较大，能够适应航站区交通组织的变化，目前多数大型机场采用这种车道边设置形式。内侧巴士外侧小客车平行车道边更能适应大巴车辆较多机场，如上海虹桥国际机场 T2 航站楼出发层车道边。

2. 到达层车道边断面设计

到达层车道边，包括公交巴士、出租车、小客车等接客车道边。

1）出租车接客车道边

出租车接客车道边分别与人行排队空间、车辆排队车道衔接，车道边形式包括平行式和斜列式，可以邻近航站楼设置或设置在 GTC 内。

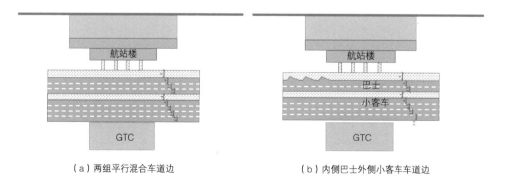

（a）两组平行混合车道边 　　　（b）内侧巴士外侧小客车车道边

图 4-10　航站楼出发层车道边

斜列式在车道边空间上比平行式大而且进出车道错位，在大客流时，可以实现每一车位空车快速补充，实现车道边利用效率最大化，避免了平行式只能一批一批上车放行的问题（图4-11）。

2）巴士接客车道边

巴士接客车道边主要包括机场专线大巴、社会巴士、酒店巴士等大型巴士的接客车道边，车道边形式包括平行式或斜列式，可以邻近航站楼就近设置或设置在GTC内。目前，国内大型机场航站楼前到达车道边主要设置有出租车、巴士接客车道边，在相对关系上常见下列几种形式。

（1）巴士、出租车平行设置形式。

巴士、出租车平行设置形式中，巴士车道边贴近航站楼，出租车上客车道边在外侧或者位置相互对调。对于这种形式，如果没有二层步廊系统，外侧到达车道边旅客需要穿越巴士上客车道边，高峰时存在一定人车交织情况。如果设置二层步廊系统，为了避免旅客上上下下，航站楼到达层宜在标高上做出一定协调，能够直接对接二层步廊系统，如上海浦东国际机场T2航站楼（图4-12）。

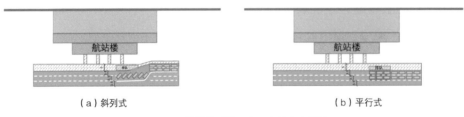

（a）斜列式　　　　　　　　　　　　（b）平行式

图4-11　航站楼到达层出租车接客车道边

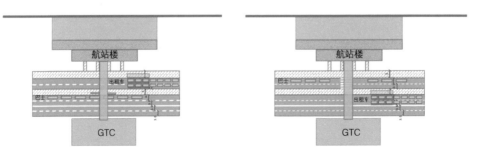

图4-12　航站楼到达层巴士、出租车车道边平行设置

　　　　　大型机场综合交通理论与西安实践

（2）巴士、出租车前后设置形式。

巴士、出租车前后设置形式包括巴士前、出租车后和巴士后、出租车前两种形式。

巴士前、出租车后形式，即巴士车道边布置在出租车上客车道边前方。巴士后、出租车前形式，即巴士车道边布设在出租车上客车道边后方。这两种形式中，巴士、出租车车道边都贴近航站楼布设，巴士的进出与出租车的进出有一定交织。对于巴士后、出租车前形式，为了避免排队出租车辆影响巴士车辆出入，可以通过地下通道提供出租车辆排队空间（图4-13）。

对于大型机场，巴士、出租车车道边一般都是平行与前后设置相结合，满足航站楼前车道边需求。巴士可能设置两组平行车道边，出租车车道边在内侧与一组巴士车道边共同贴近航站楼前后设置（图4-14）。

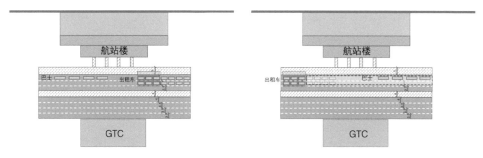

图4-13　航站楼到达层巴士、出租车车道边前后设置

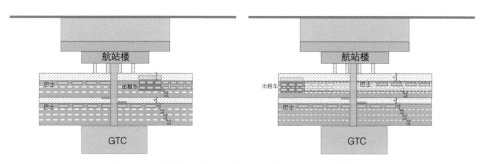

图4-14　航站楼到达层巴士、出租车两组平行车道边设置

3）小客车接客车道边

大型机场小客车接客车道边，可于航站楼前平行于巴士、出租车车道边设置，或者在停车场（库）内设置接客车道边，条件困难的情况下也可以不设置，旅客在停车位上车。目前，我国大型机场一般限制社会小客车在航站楼前停车接客。近年随着网约车发展，提供网约车接客车道边需求越来越突出，可在停车场（库）内或车库外设置网约车接客车道边（图4-15）。

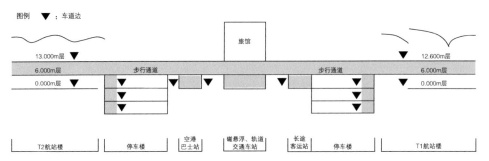

图4-15　大型机场车库内车道边

第 5 章　航站区交通场站与换乘布局研究

5.1　航站区交通场站布局

5.1.1　陆侧轨道交通车站

大型机场航站区陆侧轨道交通车站布局，主要受各条轨道交通线路走向、航站楼与跑道相对关系、航站区陆侧设施布局、轨道交通建设时序等多种因素制约，主要有平行航站楼布局、垂直航站楼布局、组合型布局等几种方式。

1. 平行航站楼布局

平行航站楼布局，主要指机场各类轨道交通车站在航站楼前平行于航站楼布局，其中机场捷运、常规轨道交通、轨道快线一般都是一线两股道岛式站台，或一线两股道侧式站台。城际铁路、国家高速铁路规模相对较大，如果考虑始发终到功能，一条线路一般要布设好几个站台、双倍的股道数。在竖向关系上，一般情况下轨道交通车站采用地下或者高架形式，从而将地面留出，便于各种地面车流交通组织。

机场陆侧轨道交通车站平行于航站楼布局，比较适合于铁路线路平行于航站楼、航站楼平行于跑道的情况，或者铁路线路在跑道外围垂直于跑道、航站楼在跑道端部垂直于跑道布局的情况，以减少轨道交通穿越跑道的工程难度。因此，这种布局形式既适合新建航站楼与配套轨道交通工程同步建设，也适合分别分期建设（图5-1）。

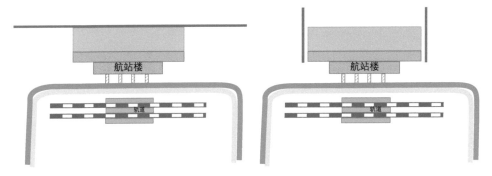

图 5-1　轨道交通车站平行航站楼布局

2. 垂直航站楼布局

垂直航站楼布局，主要指机场各类轨道交通线路垂直于航站楼走向，轨道交通车站垂直于航站楼形成 L 形或者 T 形布局形态。在竖向关系上，由于轨道交通线路需穿越航站楼，一般采用地下形式。

一般为了减少工程难度和航站楼安全管理需要，轨道交通车站与航站楼形成 L 形布局在工程上更易实施。然而不管 L 形还是 T 形，轨道交通都要下穿航站楼，一般适宜新建航站楼与配套轨道交通工程同步建设（图 5-2）。

3. 组合型布局

组合型布局，主要指机场各类轨道交通线路车站既有垂直于航站楼布局的，也有平行于航站楼布局的，在航站楼前形成了比较复杂的组合型布局。例

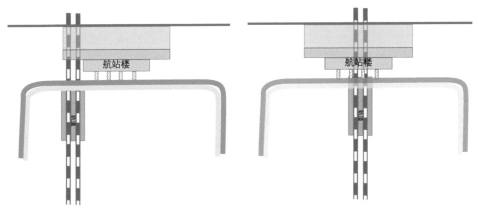

图 5-2　轨道交通车站垂直航站楼布局

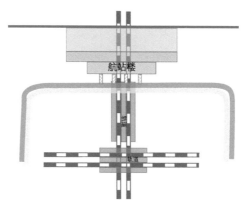

图 5-3　轨道交通车站组合型布局

如，对于虹桥枢纽 T2 航站楼，轨道交通 2 号线、10 号线垂直于航站楼呈 T 形布局，磁悬浮、铁路站平行于 T2 航站楼布局。在竖向关系上，组合型布局中轨道交通换乘枢纽距离航站楼越近，越趋向于采用地下形式。对于组合型布局，多条轨道交通线路垂直布局，航站区陆侧交通工程规模大且施工复杂，这种形式只适用于航站楼与配套轨道交通同步建设（图 5-3）。

5.1.2　陆侧出租车场站

1. 出租车场站布局

1）场站集中式

场站集中式，即出租车排队等候与接客车道边紧贴在一起，出租车排队通道通常直达上客车道边（图 5-4）。

2）场站分离式

场站分离式，即出租车设有单独蓄车场，接客车道边与蓄车场分离，通过专用通道连接。

对于大型机场，航站区陆侧用地一般都比较紧张，很难满足几百甚至数千辆出租车场站集中式停车需要，场站分离布局更适合大型机场需要，不仅旅客上下车贴近航站楼，换乘较便捷，而且出租车蓄车场设置在航站区外围，有条件确保足够停车用地。

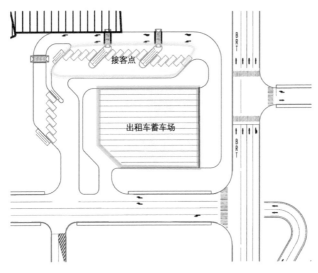

图 5-4 出租车场站集中式布局

2. 出租车蓄车场布局

1）首尾相连型

对于首尾相连型蓄车场，停车场地实际成为一条连续、曲折的排队通道，出租车一直处于断断续续移动中，直到上客点接客 [图 5-5（a）]。

对于首尾相连型出租车蓄车场，驾驶员不能停车休息，车辆不停启动、停车，油耗大、废气多。因此，这种形式适用于出租车需求较低、规模较小的出租车蓄车场。

2）分列排队型

对于分列排队型蓄车场，停车场被划分成一列列的排队通道，各列首尾具有管理车辆进出的设施，按照到达先后顺序，有序进行一列列排队车辆放行。分列排队型蓄车场，将蓄车出租车分成一列列放行，不同列之间车辆没有干扰，驾驶员可以停车休息，车辆也不需要随时启动，是目前出租车大型蓄车场普遍采用的形式 [图 5-5（b）]。

3. 二级停车场

对于场站分离式出租车站场布局，如果出租车蓄车场距离较远，为避免道路交通干扰，确保航站区陆侧始终有连续稳定出租车供应，还需在航站区设置

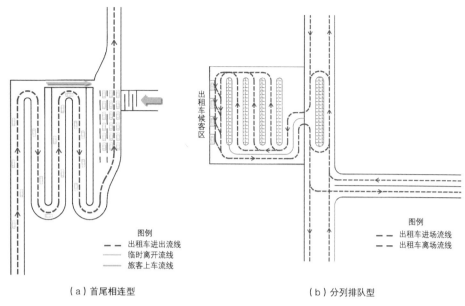

出租车候客区

图例
- - - 出租车进出流线
—— 临时离开流线
—— 旅客上车流线

图例
- - - 出租车进场流线
- - - 出租车离场流线

（a）首尾相连型　　　　　　　　　　　　　（b）分列排队型

图 5-5　出租车蓄车场类型

二级停车场（调节池），一般有 100~200 个泊位。

　　运营时先从远端蓄车场向二级停车场调度车辆，二级停车场车辆去接客点接客。例如，上海浦东国际机场出租车蓄车场距离航站区近 3km，停车能力 3000 辆，在航站区邻近航站楼 T1、T2 分别各设置一个二级停车场。

5.1.3　陆侧公交巴士场站

　　大型机场公交巴士场站包括机场专线、公交、长途客运等公共交通场站。陆侧公交巴士场站具有车辆到达下客、临时停车等候、车辆上客出发三个基本功能，布局可分为集中式、分离式两种形式。

1. 集中式

　　对于集中式公交巴士场站，巴士上下客站与停车区集中布置在同一处，每条线路占地至少 200m² 以上，包括 1 个上下客车位、多个停车位、过境车道等。对于长途客运站，集中设置多条线路，占地面积一般都较大，在用地受限情况下，可能被布置到离航站楼较远位置，易出现旅客换乘距离长、换乘相对不便的问题。例如，上海浦东国际机场长途车站，相对于其他交通距离航站楼最远。

2. 分离式

对于分离式公交巴士场站，巴士车辆上下客点与停车区分散布置，具有"到发分离、场站分离"特点。分离式布局可充分发挥巴士车辆机动灵活、门到门服务的优势，高效集约布置站位，减少换乘距离。对于分离式公交巴士场站，上客点正常一停一备，长时间与过夜停车场多布置到航站区外围，公交车辆经下客站、停车区，到上客站行驶距离相对较长，对信息化调度要求较高。

5.1.4 陆侧小客车停车场

大型机场小客车停车位需求往往高达几千个，小客车停车场可能是陆侧交通最大建筑设施，主要有近端停车场、远端停车场等形式。

1. 近端停车场

近端停车在机场航站区邻近航站楼设置小客车停车场，旅客可以步行进入航站楼。为确保近端停车场车位周转效率，需要采取措施限制长时间停车，使得近端停车场更好地满足接送客临时停车需求。大型机场小客车停车需求多，近端停车场多以立体停车楼或停车库为主，辅以部分地面停车。

1）集中式停车楼

集中式停车楼是将停车设施设置为一个集中大型停车楼，单层停车规模可达500辆甚至更大。集中式停车楼优点是用地集约，可适应拥挤的地形，但一次投资较大，分期建设困难，超大型停车楼内部交通组织要求较高。集中式立体停车楼每层平面往往不止一个防火分区，防火分区间需进行消防分隔处理。

2）单元式停车楼

单元式停车楼将停车设施设置为若干小型停车单元，每单元采用四周开敞式设计，单元间绿化带隔离但相互连通，单元单层面积约5000m²，按照现行国家规范可只设置一个防火分区。

相对于集中式停车楼，单元式停车楼交通识别性更高，交通组织更便利。此外，单元式停车楼可根据停车需求情况灵活分期建设。例如，日本中部机场单元式立体停车楼，每单元5个层面，每层可停约135辆小客车，先期建设6

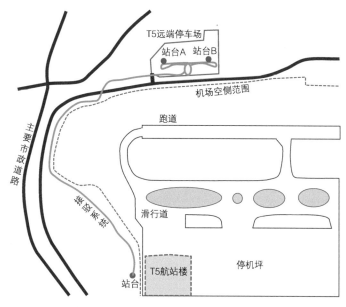

图 5-6　希斯罗机场远端停车场接驳系统

个单元，预留 10 个单元。

2. 远端停车场

　　远端停车场是在机场航站区外围选择进出便利、建设用地充裕地块建设大型停车设施，并通过接驳巴士、捷运系统联系航站区。远端停车场旅客到达航站楼需"P+R（停车 + 轨道交通）"或"P+B（停车 + 公交）"换乘，相对而言服务水平不如近端停车场，但远端停车场往往收费低，停车位供应充足，适合长时间停车。远端停车场一般以地面为主，辅以部分立体停车楼。例如，伦敦希斯罗机场通过 PRT 个人捷运系统衔接远端停车场与 T5 航站楼，改善了旅客停车与换乘体验（图 5-6）。

5.1.5　陆侧交通场站布局策略

1. 近大远小、公交优先

　　大型机场航站区集聚了小客车、出租车、大巴、公交车等各类机动车交通，轻轨、地铁、铁路等各类轨道交通，各类交通场站布局要遵循"近大远小、公交优先"原则，为旅客换乘创造良好布局条件。

对于"近大远小"原则，客流量越大的交通场站应越贴近航站楼，客流量较小的交通场站可以适当布置在外围，从而实现大部分旅客换乘最优。另外，为了增加公共交通吸引力，需要坚持"公交优先"原则，尽可能将轨道交通车站、公交巴士站点贴近航站楼，确保公共交通换乘最便捷、最舒适。例如，上海虹桥国际机场地铁站点直接贴近航站楼，并通过竖向交通分别与航站楼出发层、到达层沟通（图5-7）。

2. 立体布局、集约紧凑

大型机场航站区各类轨道交通车站、巴士车站、停车场的客流量都比较大，都需要与航站楼衔接。交通场站合理布局应注重场站设施上下立体布设，实现各类场站在水平距离上都能贴近航站楼，形成紧凑便利的交通换乘布局。此外，为了确保人行安全，还需要设置航站楼和各类场站的地下、地上专用人行通道或者GTC，实现各类场站进出人流与各类车行道立体分隔。

3. 短近长远、旅客优先

大型机场航站区陆侧停车设施应高效利用，避免小客车等社会车辆长时间占用，导致高峰停车泊位不足，影响旅客正常出行。对于长时间停车需要，可以在航站区外围设置远端停车场，并通过公共交通接驳至航站楼，实现社会停车布局"短时近、长时远"。

对于专线巴士、公交车、长途大巴，上客点临时停车等候区可以贴近航站楼，但长时间和过夜停车应"站场分离"，尽量布设在航站区偏远地块，甚至

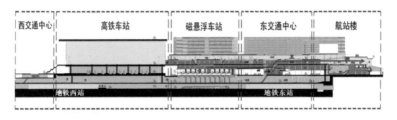

图5-7 虹桥综合交通枢纽轨道交通布局

大型机场综合交通理论与西安实践

航站区外围远端停车场。航站区停车设施应优先服务旅客需要，在停车位紧张的情况下，员工停车场、部分工作车辆停车场宜设置到远端停车场，实现航站区停车空间高效集约利用。

5.2 航站区陆侧旅客换乘

5.2.1 陆侧旅客换乘常见问题

1. 换乘距离长、设施不足

大型机场航站区陆侧换乘距离往往都比较长，250m 以上步行 5 分钟的换乘比较常见。部分换乘通道空间狭窄，沿途电梯、自动扶梯（步道）不足，高峰关键节点易出现旅客拥挤排队，换乘体验比较差。

2. 方向不清、标识混乱

对于部分机场陆侧交通换乘，各类场站设施与换乘通道布局不合理，旅客难以快速确定换乘方向。换乘通道标识缺乏、不连贯现象比较普遍。近年随着商业发展，商业标牌也影响了交通标识的识别性。

3. 设施标准低、换乘体验差

随着科技的进步、经济的发展，人们对周边环境的舒适度要求越来越高。然而，由于设计理念和建造成本等制约，部分机场换乘设施标准较低，室内换乘空间低矮、光线昏暗、空调不足，室外换乘无连廊，舒适性差。

5.2.2 旅客换乘通道布局

垂直航站楼设置一条或多条旅客换乘通道，通道自航站楼由内向外，沿途分别联系地铁、公交、长途客运、机场专线、出租车、小客车、铁路等的场站，是目前大型机场最普遍的一种换乘形式。

1. 旅客换乘通道平面布局

根据机场客流大小、航站楼建筑构型，旅客换乘通道平面布局可以分为单通道布局、多通道平行布局、多通道组合布局。

单通道布局主要应用在中小型单航站楼情况下。一般通过垂直航站楼设置一条专用人行通道，沿途分别与陆侧各类交通场站连接 [图5-8（a）]。

多通道平行布局主要应用在大型单航站楼。大型航站楼不仅自身建筑体量大，而且陆侧配套各类交通设施规模也比较大。为了缩短旅客换乘距离，满足大量旅客安全集散需要，垂直航站楼平行设置多条专用人行通道（2或3条），沿途分别与各类场站设施连接 [图5-8（b）]。

多通道组合布局主要针对一个大型航站区的多座航站楼情况，航站楼布局多为对称或围合布设，除了各航站楼楼前可以各自设置公交车、出租车、停车等的配套设施，铁路、轨道交通、长途客运等的设施多为各航站楼共享，需要分别设置专用人行通道连接这些设施，从而形成多通道组合布局。

2. 旅客换乘通道竖向布局

旅客换乘通道竖向布局可以分为地上二层步廊、地面人行通道、地下人行通道。

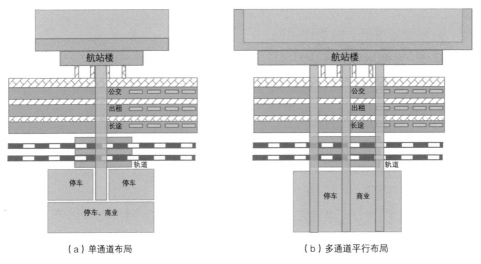

（a）单通道布局　　　　　　　　（b）多通道平行布局

图5-8　陆侧旅客换乘通道平面布局

　大型机场综合交通理论与西安实践

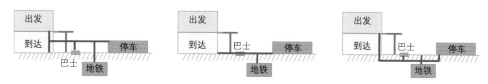

图5-9 地上、地面、地下旅客换乘通道布局

地上二层步廊，即通过二层步廊连接航站楼与陆侧各类场站。考虑到二层步廊需要下穿出发层车道边，上跨到达层车道边，而且与航站楼需要在楼内对接出发层、到达层，应在航站楼建筑方案设计时统一考虑，一般情况下二层步廊相对于地面标高 6.000m 左右为宜。

地面人行通道，即地面直接连接航站楼与陆侧各类场站。对于一些中小型机场，到达车道边车流量少，设置行人过路斑马线，人车交织矛盾可控。对于大型机场，为了减少人车矛盾，需要将到达车道边设置在地下一层或绕行避开。

地下人行通道一般结合航站区地铁等地下工程同步实施，通过地下人行通道连接航站楼和外围各类配套场站。为了避免在航站楼到达层出现到发客流交织矛盾，地下人行通道可通过自动扶梯直接连接航站楼到达层、出发层（图5-9）。

旅客换乘通道通过人行通道线性连接各类交通设施，具有方向简单、易于实施、便于管理的优点。对于大型机场，高峰到发人流量较大，航站区换乘通道可以地上、地下相结合，形成立体多通道换乘，既方便旅客换乘，也能够互为备用。

5.2.3 GTC 布局

对于大型机场，航站区陆侧各种配套交通设施如果在航站楼前平铺，可能造成占地空间过大、换乘距离过长等问题，也不利于土地和空间集约利用。贴近航站楼，结合轨道交通枢纽建设，整合长途客运、公交、停车、商业服务等各类功能，建设 GTC，越来越为国内外大型机场所青睐。GTC 通过设置换乘中心广场，合理组织各方向换乘，旅客换乘效率高，中心广场商业价值高。

1. 专用人行通道联系航站楼与 GTC 换乘广场

大型机场 GTC 综合了机场陆侧各种配套交通，GTC 与航站楼之间日双向换乘量大，需要设置专用人行通道联系航站楼与 GTC 换乘广场。专用人行通道要与到达层、出发层车道边立体分隔，一般情况下，夹层（6.000m 左右）人行步廊形式最普遍。为改善旅客换乘体验，部分机场抬高到达层出口与夹层人行步廊平接。

2. 换乘广场中心辐射、上轻下重叠层布局

为了避免各类交通设施地面平铺范围过大从而导致航站区陆侧步行距离过远、核心区土地使用效率低等矛盾，GTC 一般要以换乘广场（或核心筒）为中心，采取立体、放射状布局，将各类配套交通设施上下叠合，并与换乘广场（或核心筒）水平临贴，最大限度控制旅客换乘距离。

在各类交通设施立体布局时，原则上规模大的交通设施布置在 GTC 下部，规模小的交通设施布置在 GTC 上部，避免将沉重交通设施高架起来而导致巨额建设费用。GTC 立体布局自上而下分别适宜人、车、轨各类场站设施。大运量、重型轨道交通要位于 GTC 最底层甚至地下。长途大巴、公交车上客站，相对更接近地面，既方便车流进出，又减少不必要的承重结构。

3. 公交优先、布局合理、换乘便捷

对于 GTC 各层平面或竖向布局，围绕换乘广场（或核心筒）最近水平或上下区域要优先安排各类轨道交通、长途客运、公交等公共交通系统，确保大运量、绿色集约的公共交通更便捷换乘。相对而言，小客车停车库、出租车上客点等个体机动方式在空间上，可以距离换乘广场（或核心筒）相对较远。

GTC 的各类场站布局合理，各种换乘一目了然，流程简洁、标志清晰、路径短直。轨道交通车站厅、长途客运候车厅、小客车停车库等各类场站，与换乘广场（或核心筒）各层平面无缝衔接、竖向自由沟通，形成一个硬件、软件等各方面既界面清晰又紧密衔接的交通综合体。GTC 各类竖向交通合理布局，运力充足，电梯、自动扶梯等入口应易于识别、迎向人流，出口应面向目标空间，避免人流迂回绕行。

第6章 旅客捷运系统设置研究

大型机场占地面积达数十平方公里，可能设有多个航站区、航站楼及卫星厅，相互之间空间距离几百米甚至数公里，需要设置捷运系统服务旅客换乘。旅客捷运系统既能服务空侧换乘也能服务陆侧换乘，具体功能布局的选择需要结合机场空陆侧综合交通换乘需求统筹考虑。

6.1 旅客捷运系统分类与制式

6.1.1 旅客捷运系统分类与案例

旅客捷运系统按照旅客性质可分为空侧旅客捷运系统、陆侧旅客捷运系统及空陆侧兼顾旅客捷运系统。

1. 空侧旅客捷运系统

大型机场空侧旅客捷运系统，主要服务安检后的旅客在各航站楼空侧之间或者航站楼空侧与相关卫星厅之间的交通联系。目前，国内建成运营的主要有上海浦东国际机场空侧旅客捷运系统。

上海浦东国际机场空侧旅客捷运系统，根据机场航站区"南北一体，东西相对独立"的特点，分东、西两条线设置，独立运营，西线连接 T1 和 S1，东线连接 T2 和 S2，总长约 8km，设计速度 80km/h，采用"拉风箱"穿梭运营模式。全线共设置 5 座车站，分别为 T1、S1、T2、S2 以及预留站，同时设置 1 座车辆基地。

上海浦东国际机场空侧旅客捷运系统主要有以下特点：①首次采用了钢轮轨制式，国产化率高、技术可靠、经济合理。②24小时始终保持一条线正常运营，保障度高。T1—S1区间设置A、B两条线，T2—S2区间设置C、D两条线，行车组织独立运营，牵引供电、通信、信号等系统均单独控制。③捷运车站与航站楼/卫星厅一体化设计。车站均位于地下一层，地面以上为航站楼/卫星厅空间（图6-1）。

2. 陆侧旅客捷运系统

大型机场陆侧旅客捷运系统，主要服务安检前的旅客在各航站楼陆侧区域之间、航站区与远端交通枢纽或临空经济区之间的交通联系。目前，国内建成运营的主要有北京首都国际机场T3航站楼陆侧旅客捷运系统。

北京首都国际机场T3航站楼被垂直滑行道切分为三个功能建筑，且分布距离过长，要建设陆侧旅客捷运系统进行联系。北京首都国际机场旅客捷运系统，采用庞巴迪公司100型全自动旅客运输系统，路线单程长2080m，设置T3C、T3D、T3E共3座车站，分别联系T3航站楼3个建筑模块，设置1座维修基地（位于空侧）。捷运车站采用一岛两侧站型，两侧站台下客，中间岛站台上客。捷运车辆配置18节列车，4节编组，高峰发车间隔3分钟，高峰小时单方向运能4100人次。

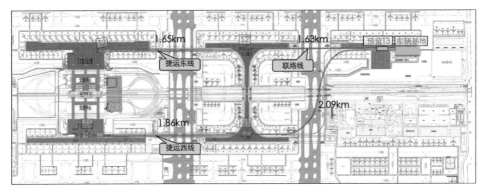

图6-1　上海浦东国际机场捷运系统平面示意图

3. 空陆侧兼顾旅客捷运系统

大型机场空陆侧兼顾旅客捷运系统，在同一捷运通道上实现空侧、陆侧旅客运输服务，实现机场捷运系统的高效利用。为满足航空运输安全管理需要，空陆侧兼顾旅客捷运系统捷运站厅、站台需要实现空侧、陆侧区域相互隔离，运营线路或运营车厢也需要相互隔离，系统设计、运营组织与管理比较复杂。

新加坡樟宜国际机场捷运系统主要由捷运系统南区和北区两部分组成，两部分都有专属车辆基地。捷运系统南区为空侧旅客捷运系统，全长2.3km，包括捷运 A 站、捷运 A（南）站和捷运 F 站，提供 2 号和 3 号航站楼之间以及 3 号航站楼主楼和南配楼之间的接驳服务。捷运系统北区为空陆侧兼顾旅客捷运系统，全长 4.1km，包括捷运 B 站、捷运 C 站、捷运 D 站和捷运 E 站，同时负责机场陆侧与空侧的运营服务，提供 1 号、2 号和 3 号航站楼之间的接驳服务，其中 T2—T3 路线采用"单线 + 避让线"的运营形式，确保空侧与陆侧列车在同一线位运营不受影响，其余路线均采用单线运营形式（图 6-2）。

6.1.2 旅客捷运系统车辆制式

旅客捷运系统作为一种机场小区域公共交通系统，（自动）巴士、现代有

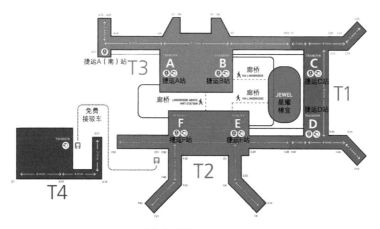

图 6-2 新加坡樟宜国际机场捷运系统

轨电车、智轨、自动胶轮导轨、磁悬浮、城市轨道交通单轨、轻轨、地铁等各类车辆制式都可以选择。目前，国内大型机场捷运系统制式主要有城市地铁列车和自动导轨胶轮（APM）两种。捷运系统具体选型，需要在客流需求、工程条件、工程造价、通用性和经济性等方面进行综合比选。

1. 客流需求适应性

大型机场旅客捷运系统高峰双向客流规模多在每小时 1 万 ~2 万人次，接近城市大、中运量轨道交通。根据城市轨道交通分类，可选用城市地铁 A、B、C 型车，以及自动导轨胶轮（APM）等制式。

不同车型、不同编组、不同发车间隔、每平方米不同旅客站立数量标准等，对捷运客流需求有不同适应性。城市轨道交通车辆特点是单车容量大、可采用大编组、对大客流适应性较强，但对线路条件要求较高，受到折返条件限制从而发车间隔略长。APM 的特点是小编组高密度，编组灵活，对客流波峰、波谷的适应性较强。

2. 线路条件适应性

大型机场捷运系统的选型，捷运线路最小曲线半径、最大纵坡、线间距、道岔及折返形式，对捷运系统运输能力、乘坐舒适性、运营效率等有显著影响，需要综合比选。在振动影响方面，APM 自身运行原理决定了其对外产生振动和噪声相对较小，城市轨道交通钢轮钢轨在行驶过程中会产生振动和噪声，尤其过小曲线半径时会产生较刺耳啸叫声。在线路条件较好且曲线段均位于进出站低速运行段，城市轨道交通列车与 APM 列车噪声影响基本相当。

3. 国产化与通用性

目前，我国大规模的城市地铁建设，极大地加速了我国城市轨道交通列车的发展。国家定点城市轨道交通列车生产厂家均具有较强设计生产能力，主要轨道交通列车国产化率高，主要型号车辆及零配件标准化程度高，不同厂家产品之间可替换性强，整体运营维护成本低。

APM车辆核心系统国产化尚处于空白，国外厂商主要有庞巴迪、西门子和三菱公司，各厂商之间技术存在差异，车辆型号与零配件也没有统一标准，且同一厂商多代产品之间零部件通用性也不强，整体运营维护成本高。

4. 购买与维护成本

大型机场捷运系统车辆购置费与国产化率、标准化程度、购置规模等因素密切相关。按照载客量人均承担车辆成本分析，城市地铁B型车和C型车分别相当于APM车的四分之一和三分之一。从运营维护角度来看，城市地铁制式采用1435mm标准轨距，捷运系统车辆可与当地城市轨道交通共享部分检修维护资源。APM制式车辆目前被国外供应商垄断，运营维护技术也掌握在供应商手中，不利于进行成本控制。

6.2 旅客捷运系统综合要求

6.2.1 旅客捷运系统服务标准

1. 机场旅客服务标准

旅客捷运交通作为大型机场旅客出行活动的一个重要组成部分，捷运系统的服务要纳入机场旅客服务标准统一考虑，其中主要涉及始发旅客服务标准、中转旅客服务标准。

始发旅客服务标准和中转旅客服务标准参照民航总局2013年颁布的《民用运输机场服务质量》MH/T 5104—2013，登机手续办理截止时间按国内90分钟（100座以上航空器）、国际120分钟考虑，各类中转旅客服务标准60~90分钟（表6-1）。

旅客中转服务标准　　　　　　　　　　　　　表6-1

中转类型	国际转国际	国际转国内	国内转国际	国内转国内
登机手续办理截止时间（min）	≤ 75	≤ 90	≤ 90	≤ 60

2. 旅客捷运系统服务标准

1）捷运系统设置标准

根据国际航空运输协会（International Air Transport Association, IATA）发布的机场航站楼设计建议，办理值机至登机口之间距离超过1000英尺（304.8m），需考虑人行步道系统；若距离超过3000英尺（914.4m），必须设置旅客捷运系统。《运输机场总体规划规范》MH/T 5002—2020规定，航站区陆侧各功能节点步行距离大于750m且典型高峰小时双向流量大于3000人次时，宜规划陆侧旅客捷运系统。

2）捷运系统等候标准

《民用运输机场服务质量》MH/T 5104—2013规定，捷运系统95%的旅客等候时间不应超过5分钟。

3）捷运系统运营标准

由于大型国际机场航班众多，机场24小时运行，作为航空旅客的交通运输工具，机场捷运系统也应该满足24小时运营的需求，并能够适应航班进出港的波峰、波谷时段，以及航班取消、延误等特殊情况。

6.2.2 旅客捷运系统旅客流程

1. 旅客流程与客流需求

大型机场人员流程分析是旅客捷运系统客流预测的前提。机场人员流程分类包含旅客流程、其他人员流程（容错、逗留）以及工作人员流程，其中旅客流程为主要流程。旅客流程包括直达旅客流程、中转和经停旅客流程、贵宾流程。直达旅客流程包括近机位国际到达与出发、国内到达与出发流程，远机位到达与出发（国内为主）流程。中转和经停流程包括国际、国内内部和相互之间的中转流程以及国际段、国内段在本站的经停流程。贵宾流程包括VIP、CIP以及VVIP流程等（图6-3）。

根据旅客流程确定的各航站楼、卫星厅等之间人员流动的流程与流量，布局各部分人流路线与方式，确定捷运系统流程安排、客流需求与功能要求。空侧旅客捷运系统主要客流需求包括航站楼之间、航站楼与卫星厅之间的出发、

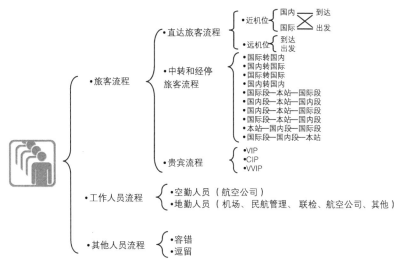

图 6-3　机场人员流程分类示意图

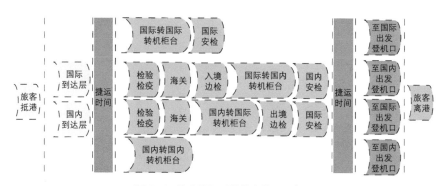

图 6-4　旅客捷运系统旅客流程示意图

到达、中转客流，以及少数旅客"容错"折返等。陆侧旅客捷运系统主要客流需求包括航站区陆侧之间、航站楼陆侧之间、航站楼与陆侧轨道交通站点和停车场等设施之间的旅客出发、到达以及接送客客流等（图6-4）。

2. 旅客隔离与车辆隔离要求

　　根据我国安防、海关要求，空侧与陆侧旅客以及空侧国际与国内旅客都不能混流，空侧、陆侧车辆也不能混跑。对于大型机场旅客捷运系统，不仅站台和车厢要根据规定进行空侧与陆侧、空侧国际与国内旅客隔离，还要考虑车辆基地空侧、陆侧性质并采取相应管理措施。

北京首都国际机场捷运正线为陆侧、车辆基地为空侧，车辆基地位于飞行区地下范围，在车辆基地入口处设置安检厅和安检人员值班。新车上线时从吊装口进入，出入场线为地下区段，从而实施隔离，严格保证空侧区域安全。

上海浦东国际机场捷运正线和车辆基地均为空侧，车辆基地位于地面，飞行区围界围住捷运全区域，并在车辆基地末端设置卡口，陆侧车辆和养修人员从卡口进入车辆基地时需进行严格安检。新车上线时从卡口附近道路和吊装线进入。

6.2.3 旅客捷运系统站台形式

常见机场旅客捷运站台主要有三种形式，即一岛式站台、两侧式站台、一岛两侧式组合站台。一岛式站台、两侧式车站适用于纯空侧或纯陆侧旅客捷运系统，一岛两侧式组合站台适用于空侧国际与国内、空侧到达与出发、空侧与陆侧等旅客隔离要求较高的捷运系统（图6-5）。

大型机场旅客捷运车站形式，要针对机场国内、国际、出发、到达旅客流程和管理不同要求，结合航站楼、卫星厅布局条件，统筹考虑。上海浦东国际机场空侧旅客捷运系统要求国内、国际旅客不能混流，到港、离港旅客也不能混流，因此采用一岛两侧式组合捷运站台，划分不同性质旅客站台区域并物理隔离，对列车车厢进行国际、国内隔离划分，通过列车车门单侧开关、扶梯导向引导不同性质旅客的进出和流向。

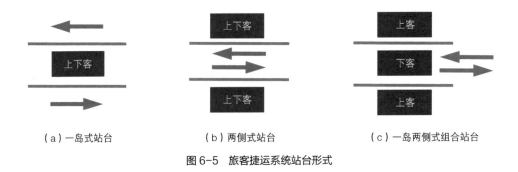

（a）一岛式站台　　　　　　　（b）两侧式站台　　　　　　（c）一岛两侧式组合站台

图6-5　旅客捷运系统站台形式

　　　　　　　　　　　　　　　　　　大型机场综合交通理论与西安实践

6.2.4 旅客捷运系统运营组织

大型机场旅客捷运系统运行组织主要有穿梭运行、循环运行两种模式（6-6）。

1. 穿梭运行模式

穿梭运行模式又称"拉风箱"模式，适用于线路较短、车站较少的捷运线路。列车在线路上来回行驶，不存在前后车概念。例如，上海浦东国际机场的捷运线分为东线、西线独立运营。

2. 循环运行模式

循环运行模式即常规地铁运行模式，分上、下行线，适用于线路较长、车站较多的捷运线路。列车在线路上保持一个方向行驶，前后车需保持一定的发车间隔，通过信号系统保证追踪。

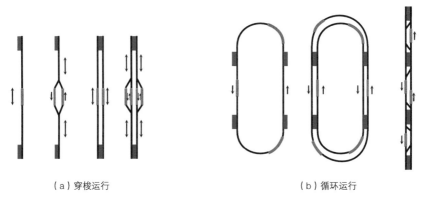

（a）穿梭运行　　　　　　　　　　　（b）循环运行

图 6-6　捷运系统运行模式示意图

实

践

篇

第7章 西安机场建设发展概况

7.1 机场总体概况

7.1.1 机场区位与周边发展

西安机场位于陕西省西咸新区内，为4F级民用国际机场，是中国十大机场之一、国际定期航班机场、世界前50位主要机场。机场与西安市区直线距离约26km，与咸阳市直线距离约13km。截止到2024年，西安市区可通过福银高速、机场专用高速、轨道交通14号线等多种交通线路连通西安机场。

在城市空间布局上，西安机场位于西咸新区空港新城。西咸新区规划"一区五城"组团式现代田园城市发展格局，"一区"即大都市核心区，"五城"即空港新城、沣东新城、秦汉新城、沣西新城、泾河新城。空港新城定位为门户新区，依托西安咸阳国际机场发展现代物流和现代服务业，大力推进国际性空港和国际物流中心建设（图7-1）。

7.1.2 机场总体布局

西安机场主要包括飞行区、航站区、工作区、货运区等区域，目前可保障高峰小时旅客吞吐量1万人次、年旅客吞吐量5000万人次、年货邮吞吐量40万t的运行需要。

飞行区包括北、南飞行区，两条跑道间距为2100m。北飞行区等级为4E，南飞行区等级为4F。北跑道位于现航站区北侧，长3000m、宽45m，设有与

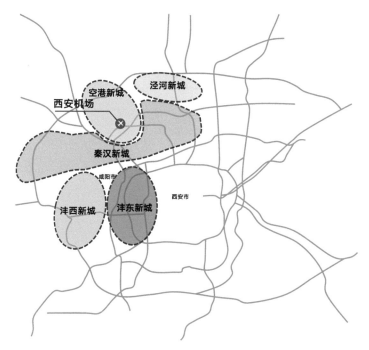

图 7-1　西安机场区位与西咸新区空间布局示意图

其等长的平行滑行道。南跑道位于现航站区南侧，长 3800m、宽 60m，设有与其等长的两条平行滑行道。为了满足两条跑道之间飞机调度的需要，现 T3 航站楼东、西两侧分别设有联络道。

航站区包括站坪、航站楼和陆侧交通区域。站坪现有停机位 185 个、登机桥 44 个。航站楼共有 3 座，T1 航站楼建筑面积 2.5 万 m^2，T2 航站楼建筑面积 6.9 万 m^2，T3 航站楼已建设面积为 30 万 m^2。T3 航站楼前建有 GTC，包括停车楼、地铁车站、长途客运车站、机场大巴车站等多种交通设施。

货运区位于机场西侧区域，主要包括货站、装卸场地、货机坪等。工作区主要位于 T1 航站楼以东，空港大道的两侧（图 7-2）。

7.1.3　航空业务量发展

随着国家提出"一带一路"倡议、进行新一轮西部大开发，以及关中—天水经济区、西咸新区和西安国际化大都市的建设，区域经济社会快速发展并带

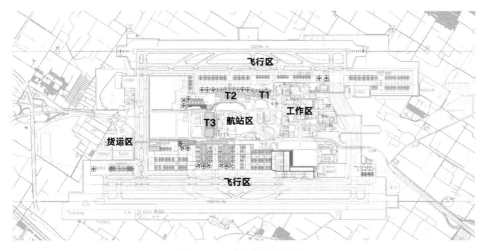

图 7-2　西安机场总体布局

动西安市及周边地区航空市场持续增长，西安机场航空业务量 30 多年来始终保持快速增长势头。

　　据统计，每次机场改造完成后，西安机场航空运输量即呈跳跃性增长，说明西安地区航空市场潜在需求比较大，航空运输量发展受到机场设施能力制约。2012 年 5 月西安机场二期扩建工程完工投入使用，2012 年底旅客吞吐量达到 2342 万人次，提前 3 年实现 2015 年 2300 万人次的预测目标。2019 年，西安机场旅客吞吐量 4722 万人次，比 2000 年增加了 11 倍，年均增长 14%，明显高于同期全国增长率（表 7-1）。

西安机场历年客货吞吐量　　　　　　　　　　　　　　表 7-1

年份	旅客吞吐量（万人次）	货邮吞吐量（万 t）
2000	387	4.72
2001	407	5.50
2002	443	6.53
2003	440	6.29
2004	636	7.34
2005	794	8.33

年份	旅客吞吐量（万人次）	货邮吞吐量（万t）
2006	937	9.94
2007	1137	11.29
2008	1192	11.82
2009	1530	12.85
2010	1801	15.81
2011	2116	17.26
2012	2342	17.48
2013	2604	17.89
2014	2926	18.64
2015	3297	21.16
2016	3699	23.38
2017	4186	26.00
2018	4465	31.26
2019	4722	38.19
2020	3107	37.63
2021	3017	39.56
2022	1356	20.63
2023	4137	26.58

7.1.4 "一带一路"倡议与机场发展定位

2013年国家提出共建"丝绸之路经济带"和"21世纪海上丝绸之路"的"一带一路"合作倡议，旨在借用古代丝绸之路的历史概念，高举和平发展的旗帜，积极发展经济合作关系，打造利益共同体、命运共同体和责任共同体。其中，"丝绸之路经济带"东边对接亚太经济圈，西边联通欧洲经济圈，被认为是"世界上最长、最具有发展潜力的经济大走廊"。

西安地处全国几何中心，为古代丝绸之路的起点，占据"丝绸之路经济带"桥头堡重要位置。西安机场不仅是西部重要航空枢纽，更是中国西部地区对接"一带一路"倡议沿线国家主要国际门户。将西安机场建设成为丝绸之路航空枢纽，对于国家"一带一路"倡议有着十分重要的意义。

《推动共建丝绸之路经济带和21世纪海上丝绸之路的愿景与行动》中明确指出："支持郑州、西安等内陆城市建设航空港……"《"十四五"民用航空发展规划》和《新时代民航强国建设行动纲要》中同时提出，加快西安咸阳国际机场国际航空枢纽建设。《西安国际航空枢纽战略规划》中提出，西安咸阳国际机场的功能定位为：辐射"一带一路"的国际航空枢纽、品质卓越的国际性综合交通枢纽、港产城深度融合发展的全球示范、引领陕西追赶超越的新动力源。

目前，西安机场累计开通国际航线88条，联通全球36个国家、74个主要枢纽和旅游城市。西安机场已经成为中国西部地区的重要航空枢纽和国际门户机场，承担着连接中国与"丝绸之路经济带"沿线国家、构建陕西对外开放和走向世界的航空大通道的重要责任（图7-3）。

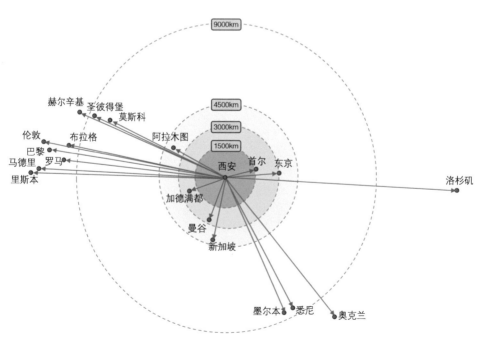

图7-3　西安机场部分主要国际航线示意图

7.2　机场建设与总体规划

7.2.1　机场建设发展历程

西安机场原为"西安西关机场"，建于1924年，位于西安市安定门外西郊。

1991年9月，新机场投入试运行，定名为"西安航空港·咸阳机场"。

1995年8月，民航总局批复同意机场更名为"西安咸阳国际机场"，机场成为西北地区唯一的国际机场。

2000年6月，国家发展改革委批复西安机场扩建工程。

2003年9月，西安机场T2航站楼正式启用，机场保障能力大幅度提升。

2007年4月，国家发展改革委批准西安机场二期扩建工程立项。

2012年3月，西安机场二期扩建工程竣工，西安机场跨入3座航站楼、2条跑道运行新时代。

2015年4月，西安机场T3航站楼国际指廊建成投运。

2019年1月，国家发展改革委批复西安机场三期扩建工程；3月，西安机场东联络通道工程建成投运；9月，西安机场西航站区交通改造工程建成投运。

2020年7月，西安机场三期扩建工程破土动工，标志着陕西民航发展史上规模最大，同时也是西北地区最大的民航工程进入建设实施阶段。

7.2.2　机场总体规划

为了满足西安机场不断发展需要，西安机场总体规划历经多轮修编，现执行2016年7月1日民航总局和陕西省人民政府联合批复的《西安咸阳国际机场总体规划（2016年版）》（以下简称"2016版总规"）。

2016版总规为第三次修编，此次修编适应了西安机场航空业务量持续快速增长的需要，满足了陕西省经济社会发展与机场周边环境协调发展的需要，响应了构建立体综合交通体系和空铁一体综合交通枢纽的需要，将显著促进地区航空业与旅游业互动发展。相关规划内容如下。

以2025年为近期目标年，按照年旅客吞吐量7000万人次、货邮吞吐量

80 万 t、年飞机起降 53.9 万架次进行规划。以 2045 年为远期目标年,按照年旅客吞吐量 9500 万人次、货邮吞吐量 150 万 t、年飞机起降 72.6 万架次进行规划。

1. 飞行区规划

近期规划在现北跑道北侧 190m 处规划长 3800m、宽 45m 的 N1 跑道,在 N1 跑道北侧 413.5m 处规划建设长 3800m、宽 45m 的 N2 跑道,N1 跑道与 N2 跑道两端对齐。在 S1 跑道(现南跑道)南侧 380m 处,规划建设长 3000m、宽 60m 的 S2 跑道,西端相对 S1 跑道向东错开 800m。

远期规划在 N2 跑道北侧 1525m 处,新建长 3800m、宽 45m 的 N3 跑道,与 N2 跑道两端对齐。

2. 航站区及站坪规划

近期按满足高峰小时旅客吞吐量 2.7 万人次的使用需求,在 N1、S1 跑道之间偏东区域规划建设东航站区,与西航站区共同构成主航站区,航站楼总建筑面积约 100 万 m²。

远期按满足高峰小时旅客吞吐量 3.66 万人次的使用需求,在主航站区规划建设东卫星厅、中卫星厅和西卫星厅,并在 N2、N3 跑道之间规划北航站区。

3. 货运区规划

近期扩建现西货运区,服务 T1、T2、T3 航站楼客机腹舱带货,以及机场全货机的运营;新建东货运区,服务东航站区的客机腹舱带货的运营。

远期在 N2 跑道西北侧规划建设北货运区,服务北航站区的客机腹舱带货和机场全货机的运营。

2016 版总规拓展了机场发展空间,提升了机场发展量级,优化了机场资源配置,绘就了机场发展新蓝图,为将西安机场打造成"向西开放的大型国际枢纽、'一带一路'航空物流枢纽、西部地区国家级综合交通枢纽"打下了坚实基础(图 7-4、图 7-5)。

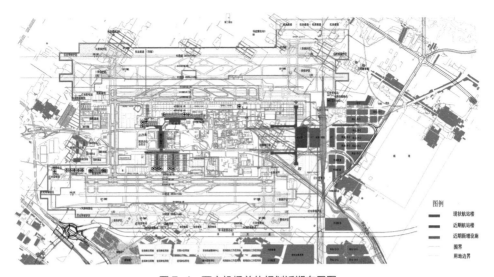

图 7-4　西安机场总体规划近期布局图

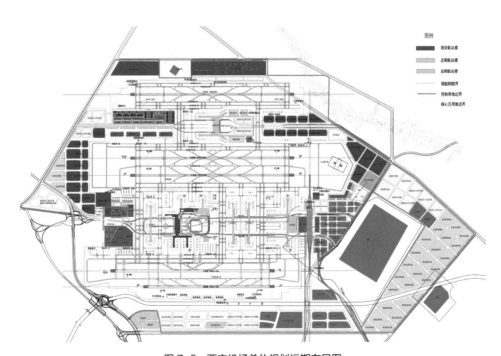

图 7-5　西安机场总体规划远期布局图

7.3 机场综合交通研究与相关工程

7.3.1 综合交通研究历程

陕西是我国西北地区综合交通运输体系的核心，西安机场是其中的重要组成部分。2010 年后，随着我国高速公路、高速铁路、城市轨道交通的全面发展，西安机场有条件整合航空、高速铁路、城际铁路、地铁、公路等多种交通方式，迎来打造综合交通枢纽的历史机遇。

自 2014 年开始，为配合 2016 版总规修编需要，开展了西安机场综合交通专项规划研究工作，并在后续机场东联络通道地下通道工程、西航站区交通改造工程、三期扩建陆侧综合交通工程等的规划建设阶段持续开展了长达十多年的综合交通研究工作，涉及西安机场与高速铁路、城际铁路、城市轨道交通、高速公路、干线公路等综合交通体系连通衔接，西航站区道路交通与停车组织改善，东联络通道地道预留与交通利用，空陆侧捷运系统，东航站区地面高架立体道路系统，停车楼内外交通，旅客换乘交通，货运交通等的规划研究与设计工作（图 7-6）。

21 世纪西安机场综合交通规划设计研究，始终坚持以西安机场为依托，构建立体综合交通运输体系，打造空陆一体化综合交通枢纽，形成以机场及周边

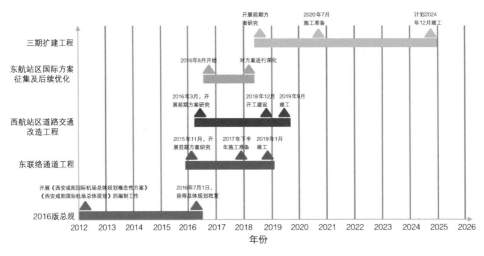

图 7-6　2012 年以来西安机场规划及重点工程时间线

地区为核心、向外延伸辐射的立体综合交通网络。以大枢纽整合大交通，以大平台推动大发展，增强陕西辐射西北、连接全国、通达世界的能力，大幅度提升西安都市圈和关中平原城市群的国际地位、经济量级和对外开放。

7.3.2 近年相关交通建设工程

1. 东联络通道地下通道工程

2012年西安机场二期工程建成运营后，有两条跑道和一组（两条）西联络通道。随着机场飞行任务持续增多，飞机在南、北飞行区之间调度日益频繁，一组西联络通道不能满足机场快速发展需要，机场调度运行中飞机滑行路线过长、冲突点较多，对机场运行效率影响越来越大。

2016年新一轮总体规划（2016版总规）批复后，西安机场立即着手东联络通道建设工作，并于2017年开工建设。东联络通道工程除了联络通道本体工程外，还包括相关地下交通设施建设与预留，由北向南依次为东航地道、行李系统、捷运系统、南空侧地道、东进场路地道等。

东联络通道地下通道工程，按照机场总体交通"东西连通"规划，预留了南陆侧地道（近期东进场路）、北陆侧地道（近期东航地道）以及捷运等的通道。相关地道工程加强了机场东部区域市政配套联系，为三期扩建工程建设奠定了基础（图7-7）。

2. 西航站区交通改造工程

2012年西安机场T3航站楼建成运营后，随着客流量的快速增长，西航站区进出场道路车流交织问题突出，高峰部分路段日益拥堵，影响了机场正常运行和可持续发展。为满足东航站区建成前西航站区能独立承担5000万~6000万人次的年旅客集散需求，2018年西安机场对西航站区道路交通进行系统改造提升。

西航站区交通改造工程按照"先分到发，再分航站楼"思路，全面优化了西航站区出发高架系统和地面停车系统，主要包含T2与T3高架系统连接、相关匝道建设与拆除、T3停车场东离场地道、地面集散道路、地面停车场等

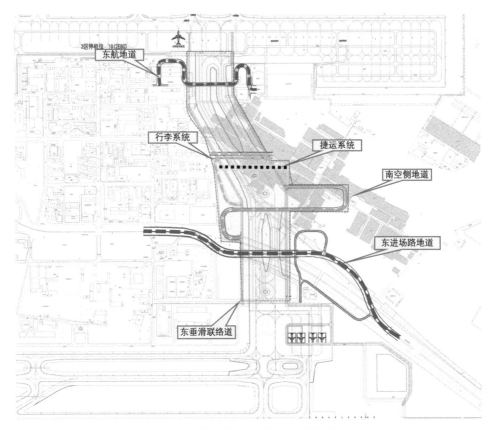

图 7-7　东联络通道地下通道工程预留总体方案

工程以及各类交通流线的优化。交通改造工程基本消除了西航站区各类道路交织拥堵节点，满足了三期扩建工程建成前西航站区交通需求不断增长的需要，并形成西航站区"西进西出"骨干交通体系（图 7-8）。

3. 三期东航站区陆侧综合交通工程

为加快我国向西开放的大型国际枢纽、"一带一路"航空物流枢纽以及西部地区国家级综合交通枢纽的建设，满足旅客快速增长需要，2016 版总规批复后，相关部门便及时提出西安机场三期扩建工程。

西安机场三期扩建工程交通工程包括东航站区陆侧交通工程和远端停车场工程。东航站区陆侧交通工程主要包括"东进东出"主进出立体道路系统与各类出发、到达车道边，"东西连通"南陆侧地道以及捷运系统预留工程，GTC

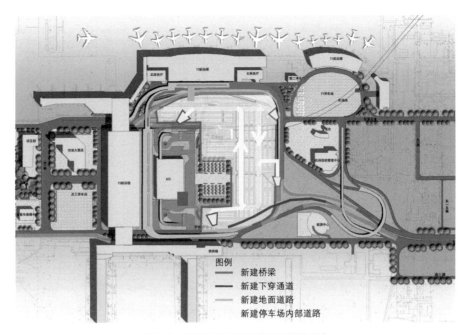

图 7-8　西航站区交通改造工程总体方案

与铁路、地铁车站、停车楼、巴士车站等交通设施。远端停车场工程包括各类长时、运营车辆停车设施以及衔接道路。

　　三期扩建工程建成后，西安机场将形成"东进东出、西进西出、东西连通"的总体交通格局（图7-9）。

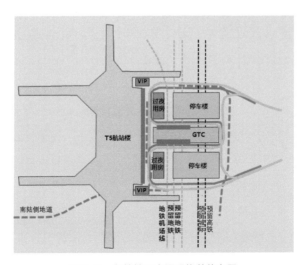

图 7-9　东航站区交通设施总体布局

第8章　西安机场综合交通需求预测

基于理论篇第 2 章大型机场综合交通调查与预测方法，西安机场在总体规划、东联络通道地下通道工程、西航站区交通改造工程、三期扩建工程等的规划设计阶段，都进行了详细的交通需求预测，主要包括东西主进场路、东西航站区路网车流量、各航站楼停车与车道边需求、GTC 旅客换乘等的交通预测。鉴于篇幅限制，本章主要对西安机场三期新建东航站区道路交通流量以及各类停车、车道边等设施需求预测进行说明。

8.1　航空业务量预测

2016 版总规预测近期 2025 年旅客吞吐量 7000 万人次，远期 2045 年旅客吞吐量 9500 万人次。在三期扩建工程可行性研究阶段，根据工程实际情况，将目标年调整为近期 2030 年、远期 2050 年，旅客吞吐量调整为近期 8300 万人次 / 年、远期 11200 万人次 / 年（表 8-1）。

西安机场旅客吞吐量预测　　　　　　　　　　　　　　表 8-1

旅客分类	近期（2030 年）		远期（2050 年）	
	东航站区	西航站区	东航站区	西、北航站区
国内（万人次）	4380	2920	5972	3528
国际（万人次）	620	380	1028	672
合计（万人次）	5000	3300	7000	4200
	8300		11200	

8.2 东航站区道路交通需求预测

8.2.1 东航站区旅客集散方式预测

基于绿色低碳、公交优先、空铁一体等发展理念，西安机场交通出行结构预测采用多方式均衡目标模式，预测远期小客车、出租车等个体机动交通出行比例50%，城际铁路、城市轨道交通、长途大巴、机场大巴、社会巴士等集约交通出行比例50%（表8-2）。

东航站区旅客集散方式预测 表8-2

期限	个体机动		集约交通					合计
	出租车	小客车	城际铁路	城市轨道交通	长途大巴	机场大巴	社会巴士	
近期	20%	30%	4%	10%	8%	17%	11%	100%
远期	20%	30%	5%	23%	5%	10%	7%	100%

8.2.2 东航站区及周边对外交通需求

1. 东航站区对外道路交通需求

近期东航站区年航空旅客吞吐量5000万人次，年陆侧旅客集散量4250万人次，日进出车流量10.3万pcu，高峰小时单向进场交通量4139pcu。远期东航站区年航空旅客吞吐量7000万人次，年陆侧旅客集散量5600万人次，日进出车流量13.5万pcu，高峰小时单向进场交通量5422pcu。

2. 周边区域道路交通需求

根据空港新城临空商务区发展规划，商务区开发量141万㎡，早高峰小时出行总量4.1万人次，单向高峰小时车流量为7905pcu，车流量较大，易对机场进出造成较大冲击，需与东航站区交通进出分开组织。

8.2.3 东航站区及周边道路交通量预测

远期东航站区道路交通主要与西向的福银高速、南向的机场专用高速、北向的西咸北环线三个方向对外联系。东航站区高峰小时单向进场车流量5422pcu，主进场路高架主要联系南向、西向相关道路，承担了90%的进场交通量，高峰饱和度0.98（单向5车道）。

远期商务区内部交通占比30%，商务区与机场联系交通5%，商务区对外交通中北向、南向、西向分别占比25%、20%、20%，商务区经天翼北路对外联系西向和南向相关道路，天翼北路段断面流量最大，高峰小时车流量达到3162pcu，高峰饱和度0.87（图8-1）。

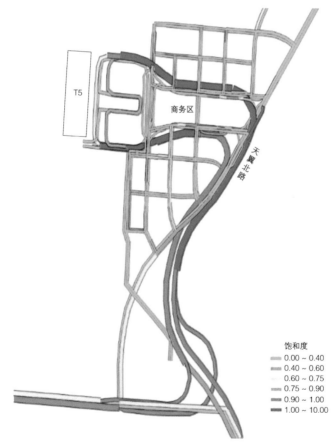

图 8-1　远期东航站区及周边路网高峰车流量预测

8.3 东航站区交通设施需求预测

8.3.1 主进场路交通需求预测

1. 道路功能

东航站区主进场路采用高架形式，主要与南向机场专用高速、西向天翼西路进行衔接，实现机场交通与商务区交通立体分离组织，保障东航站区对外快速交通联系。

2. 主进场路交通需求

根据东航站区道路交通需求预测，东航站区主进场路承担约 90% 的进场交通量，高峰小时车流量达到 4880pcu。根据《城市道路工程设计规范》CJJ 37—2012（2016 年版），主进场设计速度为 50km/h，1 条机动车道设计通行能力为 1350pcu/h，主进场路单向需要 5 车道（表 8-3）。

进场主通道建设规模及饱和度　　　　　　　　　　表 8-3

单向车道数	高峰小时交通量（pcu）	设计通行能力（pcu/h）	饱和度
2	4880	2498	1.95
3	4880	3510	1.39
4	4880	4320	1.13
5	4880	4995	0.98

8.3.2 南陆侧地道交通需求预测

1. 道路功能

南陆侧地道作为穿越东联络通道及空侧机坪的双向地道，三期扩建工程建设期间连通东进场路，作为西航站区东向进场主通道。三期建成后，主要作为东、西航站区间陆侧联系通道，服务员工业务、通勤交通以及部分旅客换乘交通。

2. 南陆侧地道交通需求

南陆侧地道在三期扩建工程前后承担不同的交通功能，地道规模需要根据不同阶段承担的最大交通量来确定。根据不停航交通组织方案，南陆侧地道在三期建成前需要承担西航站区东向进场交通量。三期建成后，随着东、西航站区"东进东出、西进西出、东西连通"的交通组织实施，南陆侧地道仅作为机场内部联系通道使用，交通需求将显著下降。因此，南陆侧地道交通需求重点预测三期建成前交通量。

1）旅客交通需求

2018年西安机场旅客吞吐量达到4465万人次，西航站区西进场路、东进场路均为双向8车道，分别承担了57%、43%的进出机场交通量。三期投运前，西安机场旅客吞吐量将进一步增长，预测可达6000万人次/年，西航站区高峰进场交通量达到5041pcu/h，其中经东进场路南陆侧地道进场交通量2168pcu/h。

2）员工通勤需求

南陆侧地道也是机场员工进出主要通道。三期投运前机场员工通勤车流量预计达到每日7095pcu（双向），按照高峰小时系数三分之一（"三班倒工作制"）计算，机场员工高峰小时通勤交通量达到2365pcu（双向），其中43%需从东进场路南陆侧地道进出。

综合旅客和员工交通需求，预测三期扩建工程建成前南陆侧地道最大单向交通需求达到2672pcu/h，单向需要3车道才能满足高峰交通需求。三期扩建工程建成后，南陆侧地道作为机场内部联系通道使用，单向2车道可满足日常需求。

8.3.3 车道边需求预测

1. 出发车道边需求

出发车道边服务东航站区出发旅客，包括小客车、出租车、网约车、大巴等各类送客车道边。根据预测，东航站区T5航站楼共需出发车道边1194m，其中小客车608m、出租车（含网约车）388m、大巴180m、中巴18m（表8-4）。

交通需求	小客车	出租车（网约车）	机场大巴	社会大巴	社会中巴	合计
日送客车辆数（辆）	23967	15256	469	248	398	40338
高峰小时送客车辆数（辆）	1917	1220	38	20	32	3227
下客车位需求（个）	80	51	7	2	2	142
出发车道边长度（m）	608	388	140	40	18	1194

2. 到达车道边需求

1）大巴车道边

根据预测，东航站区社会大巴、中巴各需接客车位4个，车道边总长116m（表8-5）。

到达车道边需求预测 表8-5

交通需求	社会大巴	社会中巴	合计
日接客车辆数（辆）	248	398	646
高峰小时接客车辆数（辆）	20	32	52
上客车位需求（个）	4	4	8
到达车道边长度（m）	80	36	116

2）网约车车道边

根据国内外大型机场运营经验，传统出租车客流部分转向网约车。根据预测，东航站区远期传统出租车与网约车比例各占10%，网约车利用停车场内部通道作为临时停车接客车道边，需要接客车位33个，车道边长度约247m。

3）出租车上客位

出租车上客位按斜列式布局预测，每车位每分钟停靠1.5辆，每上客位通行能力每小时90辆（1.5×60）。根据预测，出租车上客位近期需要16个，远期随着网约车的分流，上客位下降到11个。

4）机场大巴上客位

现状机场大巴全年客运量约 837 万人次，共 16 条线路、11 个上客位。远期东航站区机场大巴出行比例为 10%，机场大巴年客运量约 700 万人次。参照现状运营数据，远期东航站区机场大巴配备上客位 11 个。

5）长途大巴发车位

远期东航站区长途大巴出行比例为 5%，长途大巴年客运量 350 万人次。根据《汽车客运站级别划分和建设要求》JT/T 200—2020，东航站区长途大巴按照二级客运站要求，配备上客位 13 个。

6）公交及通勤巴士上客位

考虑到未来东航站区建成后，部分旅客、员工需要通过地面常规公交及通勤巴士前往空港商务区、空港新城等周边邻近区域，东航站区常规公交及通勤巴士上客位按照 3~5 条线路进行布置。

8.3.4　停车设施需求预测

1. 停车位周转率

不同车种车位周转率是停车设施规模预测的重要参数。根据国内现有大型枢纽机场的车辆周转运行情况，对规划年份停车周转率进行预测（表 8-6）。

（1）出租车：出租车蓄车场日运行时间约 18 小时；根据调查，出租车在蓄车场排队等候时间约为 2 小时；出租车停车位平均周转率按 9.0 进行计算。网约车与出租车两者存在此消彼长的关系，两者加起来分担客流占比稳定在 20%，本次预测对出租车与网约车蓄车场车位规模进行了统筹考虑。

（2）小客车：目前，大型机场小客车周转率在 2.0~2.5，考虑到集约利用机场陆侧空间资源，通过价格引导等管理手段提高周转率，小客车停车位平均周转率按 3.0 进行计算。

（3）线路巴士：机场大巴、长途大巴按照线路、时刻表运营，考虑到往返一次所需要的时间，机场大巴停车位平均周转按 4.0、长途大巴按 2.0 进行计算。

（4）社会巴士：社会大巴、中巴多为公司运营，会尽可能缩短在机场等候时间，平均周转率按 5.0 考虑。

交通方式	出租车 （含网约车）	小客车	机场大巴	长途大巴	社会大巴	社会中巴
平均周转率	9.0	3.0	4.0	2.0	5.0	5.0

2. 停车设施需求预测

根据预测，东航站区小客车、出租车（含网约车）、各类巴士一般高峰日停车需求近期分别为5394个、1992个、326个，远期分别为7218个、2646个、293个；在节假日等极端高峰日，小客车停车需求将增加到1.5倍，分别约为8298个、11104个（表8-7）。

东航站区各类停车设施需求预测　　　表8-7

	停车需求	小客车	出租车	机场大巴	长途大巴	社会大巴	社会中巴
近期	日停车需求（辆）	16181	17932	560	119	335	295
	停车位需求（个）	5394	1992	140	60	67	59
远期	日停车需求（辆）	21653	23813	464	98	245	395
	停车位需求（个）	7218	2646	116	49	49	79

此外，大型枢纽机场一般配置租车服务，根据对北京、广州、上海、成都的机场的统计数据，每1000万旅客对应租车57~293辆，平均为170辆，西安旅游客流较多，本次设计按照近期1000个、远期1500个租车位考虑。租车主要分担小客车客流，一般高峰按照20%比例进行车位折减，极端高峰（节假日）按照50%比例折减，即一般高峰日近期可折减小客车车位200个，远期300个；极端高峰日近期可折减小客车车位500个，远期750个。

3. 东航站区停车需求分布预测

根据三期扩建工程用地规划，东航站区配套停车分成两部分，即T5航站楼前停车楼以及远端停车场。航站楼前停车楼主要服务旅客停车及部分员工配套停车，远端停车场主要服务出租车蓄车、大巴蓄车、旅客长时停车以及租车公司停车。

（1）T5航站楼前停车楼需求预测

根据预测，近期需设置社会小客车车位5194个，租车车位1000个，出租车（含网约车）车位1992个，各类巴士车位（机场大巴、长途大巴、社会大巴、社会中巴）327个；远期需设置社会小客车车位6918个，租车车位1500个，出租车（含网约车）车位2646个，各类巴士车位（机场大巴、长途大巴、社会大巴、社会中巴）293个。另外需要配置铁路配套停车车位250个，机场员工车位600个，临时大巴车位60个。

T5航站楼前停车楼主要解决旅客停车及员工配套停车，根据T5航站楼前场地条件及建筑布局整体考虑：

①楼前停车楼近期可提供车位总数为5331个，其中大巴车位60个，小客车车位5271个，小客车车位解决铁路配套停车及机场员工车位850个，剩余4421个车位供旅客使用，近期还需要773个旅客停车车位在远端停车场解决。

②楼前停车楼远期可提供车位总数为6427个，其中大巴车位60个，小客车车位6367个，小客车车位解决铁路配套停车及机场员工车位850个，剩余5517个车位供旅客使用，远期还需要1401个旅客停车车位在远端停车场解决（表8-8）。

东航站区 T5 航站楼前停车位需求预测　　　表 8-8

停车分类	近期泊位（个）	远期泊位（个）
旅客停车	4421	5517
铁路配套停车	250	250
机场员工停车	600	600
大巴停车	60	60
合计	5331	6427

（2）远端停车场停车需求预测

根据东航站区停车设施规划，出租车蓄车场、机场大巴停车场、长途大巴停车场、租车车位、无法在楼前解决的旅客停车车位等设置在远端停车场。

根据预测，远端停车场近期、远期分别共需设置各类停车位 3965 个、5712 个（表 8-9）。

东航站区远端停车场停车位需求预测 表 8-9

停车分类	停车位需求（个）		备注
	近期	远期	
出租车蓄车 网约车停车	1992	2646	出租车、网约车停车位统筹考虑
大巴蓄车	200	165	机场大巴、长途大巴
小客车	773	1401	极端高峰的停车需求缺口可考虑在远端 停车场加建或者外围其他停车场解决
租车	1000	1500	—
合计	3965	5712	—

第9章 西安机场综合交通规划研究

根据理论篇第 3 章大型机场综合交通案例启示以及交通策略指导，结合西安机场目标定位以及腹地分布情况，西安机场确定了对外综合交通体系发展目标及相关规划方案。本章重点对西安机场综合交通目标策略，机场接入城际与高速铁路线路、市域与城市轨道交通线路建议方案，机场衔接周边高（快）速路网、干道网规划方案，以及机场区域骨干路网布局方案等进行说明。

9.1 综合交通规划目标与策略

1. 交通规划目标

西安机场综合交通规划目标为：整合公路、铁路、轨道交通等多种集疏运交通方式，优化机场内部各种交通设施布局，以西安机场为核心构建多元化、多层次、空铁一体化集疏运交通体系，以高速公路 2 小时交通圈、高速铁路 1 小时交通圈为主要服务范围，辐射整个关中平原城市群（图 9-1）。

2. 交通规划策略

根据综合交通规划目标，主要采取如下交通策略指导西安机场综合交通体系规划，包括：面向关中平原城市群的多层次集疏运体系、以轨道交通为核心的多元化公共交通服务、"东进东出、西进西出、东西连通"的道路系统、便捷高效的综合交通换乘枢纽。

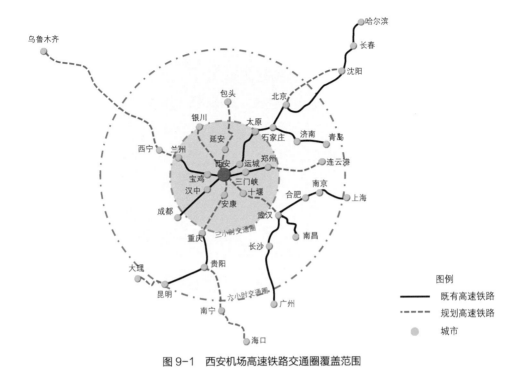

图9-1 西安机场高速铁路交通圈覆盖范围

1）面向关中平原城市群的多层次集疏运体系

面向西安主城区及西咸新区——构建西安机场城市快速轨道交通、快速路网体系，连接西安主城区及西咸新区各主要客流集散点及主要地区，构建客运、货运快速通道。

面向西安都市圈——构建西安机场城际铁路、市域铁路、高速公路网体系，连接西安都市圈范围内的主要城镇，满足西安都市圈集疏运交通需求。

面向关中平原城市群——构建西安机场高速铁路、城际铁路、高速公路网体系，增强西安机场对整个关中城市群的辐射服务。

2）以轨道交通为核心的多元化公共交通服务

优先引入大容量轨道交通服务西安机场，主要包括高速铁路、城际铁路、城市轨道交通，打造轨道上的国际航空枢纽，引导旅客选择公共交通进出机场，减少对道路系统交通压力。

优化机场周边及内部道路交通系统，提供方便、快捷的进出通道，完善优化机场专线大巴、长途大巴、公交车、旅游及社会巴士、酒店巴士等各种形式公交巴士服务，满足多样化的公共交通出行需求。

3）"东进东出、西进西出、东西连通"的道路交通格局

针对未来西安机场"空侧包围陆侧"的空间布局特点，按照"东进东出、西进西出、东西连通"原则进行机场区域道路交通组织。机场外围环线引导车辆从东、西两个方向进出机场，东航站区"东进东出"，西航站区"西进西出"，东、西航站区进出相对独立。为了满足东、西航站区之间各类工作车辆、公交车辆、特殊旅客等的交通需要，东、西航站区之间设置地下联络道，实现"东西连通"。

4）便捷高效的综合交通换乘枢纽

东航站区预留高铁机场站，引入高速铁路、城际铁路，加强与西安北站、西安西站等高铁枢纽的互联互通，构建西安机场辐射关中平原城市群乃至中西部地区的高速铁路网络。引入多条城市轨道交通快线和市域轨道交通线路，加强西安机场与西安主城区、西安都市圈重点区域的城市轨道交通联系。加强东、西、北航站区陆侧区域城市轨道交通串联服务，便于旅客选择轨道交通直达和航站区之间联系。

整合各航站区各类轨道交通站点、停车设施、人行换乘广场等交通设施，立体集约利用陆侧空间，打造一体化 GTC，与航站楼无缝衔接，并加强各航站区之间的快速联系，实现机场旅客的快速集散。

9.2 轨道交通系统规划方案

9.2.1 高铁线路规划建议方案

西安机场空铁衔接，目标为建设空铁换乘综合交通枢纽，充分实现西安机场与西部地区国家高速铁路、关中平原城市群城际铁路紧密衔接，构建西安机

场1小时覆盖关中平原城市群的高速铁路交通圈，并且通过国家高速铁路网络，进一步扩大西安机场对中西部地区辐射服务。

2016版总规在东航站区规划建设综合交通枢纽。鉴于空铁建设时序不一致以及后期施工难度大等因素，经陕西省发展改革委审批同意，机场三期扩建工程同步实施轨道预留工程，预留2台4线城际（市域/郊）铁路、2台4线高速铁路接入条件，为西安机场引入铁路，打造空铁一体换乘综合交通枢纽，提供了充分的保障条件。在机场总体规划编制以及三期扩建工程阶段，高速铁路接入西安机场一直得到陕西省、西安市的重视。随着西安铁路枢纽规划方案不断深化完善，近年来先后对银西高铁、包西高铁、阎良至机场城际铁路、高铁北环线、机场至石何杨联络线等线路接入西安机场方案等进行了系统研究，并逐步形成推荐方案。

1. 远期规划建议方案

规划建设"高铁北环线—机场—西安西"高铁联络线，将西安机场接入西安地区高速铁路网络。高铁北环线向北出机场后，转向东与西延高铁衔接，可实现与延安、包头方向高速铁路衔接。机场—西安西高铁南出机场，在石何杨过渭河四线桥后，向西接入西安西站、西安南站和高铁南环线，可实现与成都、重庆方向高速铁路衔接；向东借助银西高铁接入西安北站，可实现与太原、郑州、武汉、重庆方向高速铁路衔接。

通过"高铁北环线—机场—西安西"高铁联络线，结合西安铁路枢纽线网的不断完善，西安机场可以构建往北、往东、往南的高速铁路辐射网络。相对而言，向西往银川、宝鸡方向高速铁路尚不能直接衔接。目前，银西高铁在福银高速公路西侧距离机场9km处设咸阳北站，西宝高铁距离机场15km处设咸阳西站，这两条高速铁路线未来可经西安北站换乘轨道交通14号线或借助市域轨道交通，加强与机场的联系。

2. 近期实施建议方案

目前，西安高铁北环线、机场—西安西高铁都已纳入西安铁路枢纽规划

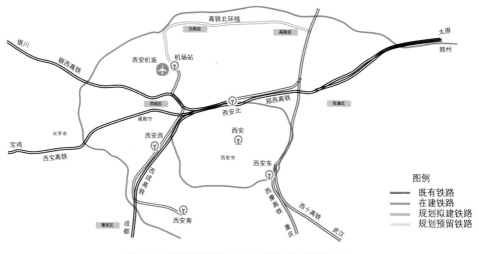

图 9-2　高速铁路接入西安机场线路规划建议方案

修编方案。鉴于相关线路投资较大,建议近期先行实施机场—石何杨段铁路项目,将机场与西安北站连通,延安、太原、郑州、武汉、重庆 5 个方向的高速铁路可经西安北站后抵达机场,实现机场与主要方向高速铁路网络的连通(图 9-2)。

9.2.2　城市轨道交通规划建议方案

西安机场城市轨道交通规划,目标引入西安都市圈多条轨道交通干线衔接机场并串联航站区,构建西安机场覆盖西安都市圈城市轨道交通网络,显著提高机场轨道交通出行吸引力,减少机场道路交通需求,实现近期 10%、远期 23% 以上旅客通过轨道交通进出机场,员工轨道交通通勤比例达到 30%以上。

根据机场总体规划,西安机场三期扩建工程在东航站区预留了 3 条城市轨道交通线路的车站及线路接入条件。根据西安市城市轨道交通线网、关中平原城市群核心区城市轨道交通线网规划方案研究,规划地铁 14 号线、12 号线、17 号线接入西安机场,其中 12 号线、14 号线主要通往西安主城区方向,17号线通往高陵、富平方向。

1. 轨道交通 14 号线

规划轨道交通 14 号线从西安机场至紫霞三路，线路全长 49.4km，其中机场—贺韶段已经建成通车。14 号线在西安主城区外围呈东西切线走向，途经空港新城、秦汉新城、经开区、浐灞生态区、国际港务区，沿线可与西安轨道交通 16 号线、19 号线、24 号线、2 号线、4 号线、10 号线、7 号线、3 号线、9 号线九条南北向轨道交通线换乘。在机场范围，14 号线串联东、西航站区，西航站区设机场西（T1、T2、T3）站，东航站区设机场（T5）站。在西安北站，14 号线可与地铁 2 号线、4 号线以及 19 号线换乘，其中与 4 号线同台换乘比较便利。

2. 轨道交通 12 号线

规划轨道交通 12 号线为轨道交通快线，主线从西安机场至西安东站，线路全长 52km；支线从科技六路至新西安南站，线路长 10.6km。12 号线从西安机场南出后，途经空港新城、秦汉新城、沣东新城、高新区、雁塔区、曲江新区，主线、支线总体呈 T 字布局，沿线可与西安轨道交通 16 号线、19 号线、1 号线、20 号线、11 号线、5 号线、3 号线、15 号线、18 号线、8 号线、24 号线、13 号线、2 号线、4 号线共 14 条东西或南北向线路换乘。

3. 轨道交通 17 号线

规划轨道交通 17 号线为轨道交通快线，从机场至富平南站，线路全长 60.8km。随着西安铁路枢纽线网布局的调整，原规划阎良—机场城际铁路功能主要由市域快轨 17 号线替代。17 号线主要联系西安都市圈北部相关地区，从机场北出后转向东，途经空港新城、泾河新城、高陵区、临潼区、阎良区、富平县等区域，沿线可与西安轨道交通 16 号线、24 号线、10 号线、21 号线、7 号线等多条南北向轨道交通线路换乘（图 9-3）。

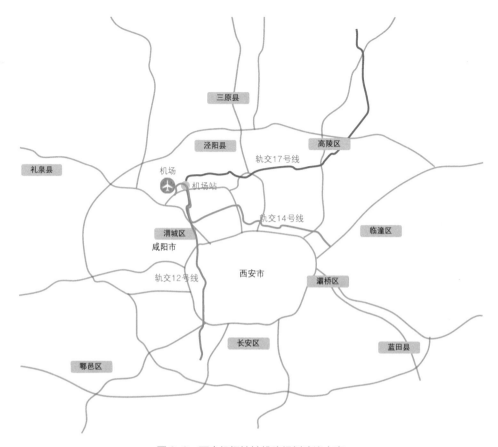

图 9-3 西安机场地铁线路规划建议方案

9.3 道路系统规划方案

9.3.1 机场与高（快）速路衔接方案

1. 区域高速公路网规划

按照《西安都市圈发展规划》，西安都市圈规划覆盖全域，畅接全省、辐射全国"三环十二射"高速公路网。"三环"即西安绕城高速公路、西安外环高速公路、西安都市圈环线。"十二射"即以西安为中心向外辐射，与"三环"高速公路互联互通，主要包括机场高速、连霍高速、京昆高速、延西高速、包茂高速、银百高速、福银高速、沪陕高速等往 12 个方向辐射的高速公路。

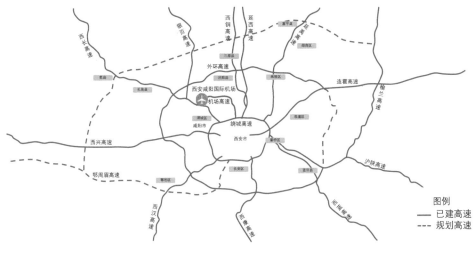

图 9-4　西安都市圈高速公路网布局规划

西安绕城高速环绕西安中心城区范围，环线最大辐射半径约 15km。西安外环高速环绕西安都市圈，环线最大辐射半径约 35km。西安都市圈环线环绕西安都市圈，环线最大辐射半径约 50km。

2.机场与高速公路衔接方案

西安机场东、西主进场路分别衔接机场专用高速、福银高速。西侧福银高速与西安绕城高速和外环高速连通，东侧机场专用高速衔接绕城高速。机场东、西两方向主进场路，对内经绕城高速公路与中心城区各主要区域实现高速联系；对外经"三环十二射"转换，便捷通向延安、庆阳、宝鸡、汉中、安康、三门峡等 250km 半径范围内的主要城市（图 9-4）。

9.3.2　机场与周边道路衔接方案

1.周边西咸新区道路网规划

1）快速路网规划

根据《西咸新区城市综合交通体系建设规划》，西咸新区规划"六横六纵"方格网状快速路主骨架。"六横"为原点大道、正平大街—泾河大道、兰池三路—兰池四路、西咸快速干道、昆明路、西鄂快速路，"六纵"为规划西快速路、城西快速路、自贸大道—丰镐大道、秦汉大道、茶马大道、西铜快速路。

2）主干路网规划

西咸新区规划"八横八纵"主干路网，扩展干线道路覆盖范围，对高（快）速路交通进行集散。"八横"为高泾大道、沣泾大道、兰池大道、世纪大道、沣景路、红光大道、科技路、陈之路，"八纵"为咸户路、周公大道—秦皇大道、绕城高速公路辅道、天章大道、空港西环路、天翼北路、秦阳大道、正阳大道（图9-5）。

3）区域互联互通路网规划

西咸新区规划与西安中心城区、咸阳主城区互联互通道路40多条，总计500多公里。

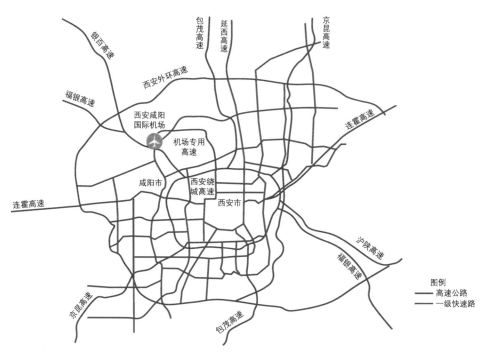

图9-5 西安机场外围城市道路网规划

2. 机场骨干保障路网规划方案

1）"一环八射"总体布局

西安机场外围总体形成"一环八射"道路网络布局，由快速环线向外辐射，实现与中心城市、西咸新区以及市域各方向联系。快速路包括天翼西路、自贸大道、迎宾路，主干路包括天熙大道、天翔大道、千佛塔路、天翼北路、新城东大道、航站区北路、航站区南路等道路。

2）机场快速环线

按照"东进东出、西进西出、东西连通"原则，西安机场东、西航站区分别设置东、西主进场路对外联系。机场周边道路，除了福银高速—西进场路、机场专用高速—东进场路可直接衔接外，其余各方向道路车流与东、西进场路的衔接都需经快速环线绕行转换。

西安机场快速环线主要规划由天翼西路、天翼北路、天翔大道、自贸大道及天熙大道等道路构成围绕机场的环线干道系统，并与东、西主进场路高效衔接。快速环线既组织了外围各方机场车流有序往东、西主进场路汇聚，又提供了机场区域过境通道，对机场内部交通起到"保护壳"作用（图9-6）。

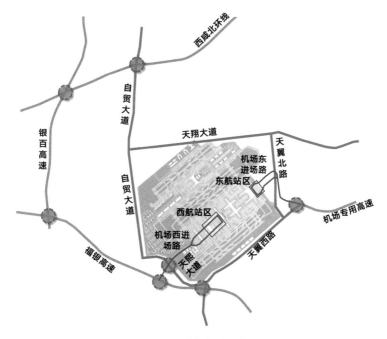

图 9-6　西安机场路网布局

9.3.3 机场区域道路系统方案

机场区域道路交通按照"东进东出、西进西出、东西连通"原则,分别构建东、西航站区单向逆时针循环路网,并通过陆侧地道加强东、西航站区交通联系。

东进东出、西进西出:东航站区旅客从东侧路网进出,西航站区旅客从西侧路网进出,机场快速环线、关键节点通过交通诱导,在外围将外来交通直接引导至目的航站区,减少车辆在外围路网绕行。

东西连通:机场员工车辆及机场内部车辆、一小部分需要在东西航站区之间通行公交巴士、长途巴士、社会车辆等交通,通过陆侧地道直接在两个航站区间进行联系,避免相关车辆经天翼西路或机场外围快速环线的绕行,提高机场运营交通、公共交通、应急交通等的便捷性(图9-7)。

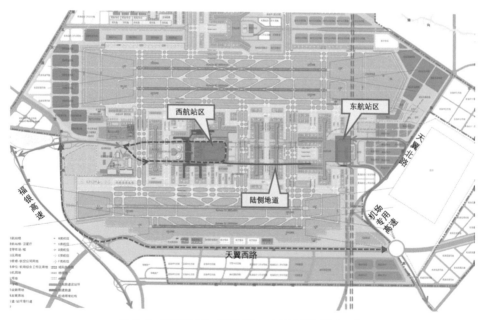

图 9-7 "东进东出、西进西出、东西连通"道路系统

第 10 章　西安机场东联络通道地下通道工程

西安机场东联络通道地下通道工程包括行李系统、南空侧地道、捷运系统等空侧地道以及东进场路（南陆侧）、东航地道等陆侧地道。本章对以上内容进行介绍，并基于理论篇第 2~4 章确定的主进场路交通预测方法与功能要求，结合机场总体规划"东进东出、西进西出、东西连通"的交通布局，重点对东进场路地道各阶段功能、对外衔接方案进行说明。

10.1　工程背景与工程挑战

10.1.1　东联络通道工程背景

2012 年西安机场二期扩建工程建成运营后，西安机场有南、北 2 个飞行区，2 条跑道。南飞行区等级指标为 4F，有 1 条长 3800m、宽 60m 的 S1 跑道；北飞行区等级为 4E，有 1 条长 3000m、宽 45m 的 N1 跑道。两条跑道运行模式以独立平行运行为主、隔离平行运行为辅。采用独立平行运行模式时，2 条跑道可同时用于起飞和降落；采用隔离平行运行模式时，1 条跑道用于起飞，另 1 条跑道用于降落（图 10-1）。

为了满足两条跑道之间飞机调度的需要，在 T3 航站楼西侧设 2 条联络滑行通道，中心线间距 100m。2 条通道采用单向运行模式（东侧 G 滑行道由南向北、西侧 H 滑行道由北向南）。受滑行通道构型限制，飞机在南、北飞行区之间调度时，地面滑行距离较长、滑行过程中冲突点较多（图 10-2、图 10-3）。

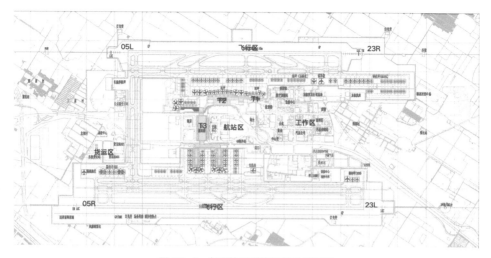

图 10-1　东联络通道建设前机场布局

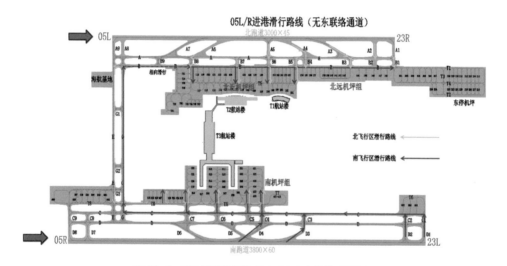

图 10-2　无东联络通道飞机由 05 方向进港时滑行图

随着机场航空业务量的快速增长，飞机在飞行区调度量日益增加，滑行通道构型已不能满足西安机场快速发展需要。此外，根据 2016 版总规，三期扩建工程建成后，机场飞机起降架次将大幅增加，南、北飞行区之间的飞机调度量将更大，仅有西联络通道无法满足机场未来发展需要，需要加快东联络通道建设。为了解决当时运行模式下，南、北飞行区之间飞机调度不畅、滑行距

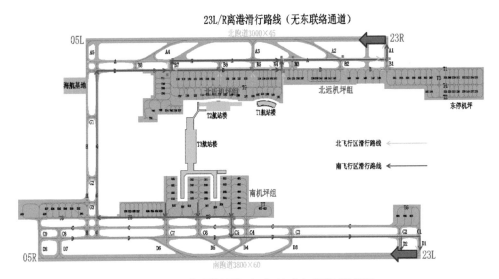

图 10-3　无东联络通道飞机由 23 方向离港时滑行图

离长、冲突多以及西联络通道运行压力大等问题，2016 年在总体规划获批后，西安机场着手开展东联络通道建设工作。

10.1.2　东联络通道工程挑战

西安机场东联络通道位于规划东航站区与西航站区连接的关键区域。东联络通道作为三期扩建先导工程，建成后不仅显著改善飞机滑行路线、有效缓解西联络通道运行压力，而且完善了机场东部区域各类市政设施配套，为三期扩建工程建设奠定了良好基础。东联络通道建设工程具有工程规模大、涉及子项多、对接界面多、近远期结合、建设条件复杂、工期任务重等显著特点。

1. 周边环境复杂，安全要求高

东联络通道工程紧贴既有工作区，建设条件非常复杂，部分子项位于既有航空公司厂区内部，管线众多，并且邻近保障航空安全各种设施，涉及空侧区域需进行不停航施工，运营安全要求高。

2.场地条件差，技术难度大

东联络通道工程施工条件苛刻，对各类建筑、管线等涉及设施需周全考虑各类保护措施，平衡安全性与经济性。工程建设于深厚的自重湿陷性黄土场地上，场地地质条件差，而东联络通道对沉降和变形要求高，工程技术挑战大。

3.子项众多，工期紧张

东联络通道工程既有地面机场场道设施，又有各类地下市政基础设施，还涉及管线迁改、文物保护、不停航施工，子项工程多、工程交接面多，协调工作要求高。项目全部建设工期只有 20 个月，各项建设任务比较繁重。

10.2 东联络通道工程内容

10.2.1 东联络通道本体工程

根据 2016 版总规，新建东联络通道南、北分别与两个飞行区机坪相接，西侧与既有工作区连接，东侧紧邻规划 T5 航站楼机坪区。为保证机场正常运行，尽可能减少对现有设施拆迁，构型采取 S 形平面布局。东联络通道全长约 1290m，规模按"1E1F"的标准规划建设，西侧 F 滑行道按满足 F 类飞机运行要求、东侧 E 滑行道按满足 E 类飞机运行要求进行建设，两条联络滑行通道间距为 90m，在 S 形转弯位置处按照相应机型考虑道面加宽（图 10-4）。

10.2.2 东联络通道地下通道工程

1.地下通道工程说明

鉴于东联络通道位于既有西航站区与规划东航站区之间，随着东联络通道建设，现有地面道路、市政管线等设施将因工程建设中断，东联络通道需要配套建设相应道路和管线等设施，保障机场正常运行。

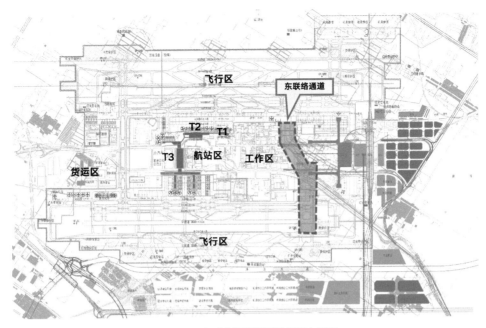

图 10-4　东联络通道平面位置及布局图

按照机场总体规划"东进东出、西进西出、东西连通"的交通布局，东联络通道地下通道工程预留南陆侧、北陆侧地道以及捷运系统等地道。其中，南陆侧地道三期扩建工程建成前与东进场路连通，作为东进场路地道使用，保障西航站区与机场高速公路的交通联系。北陆侧地道近期作为东航站区地块交通保障地道使用。

此外，东联络通道地下通道工程还需按照规划做好相关行李系统、捷运系统等设施预留，保障机场长远发展需要。相关地下通道工程加强了机场东部区域市政配套，为三期扩建工程建设奠定了基础。

2.地下通道工程布局

西安机场东联络通道地下通道工程包括2条陆侧通道、1条空侧通道、行李系统与捷运系统预留、1条雨水主管、3条管沟以及场内众多管线的迁改。主要地下通道工程由北向南依次为东航地道、行李系统、捷运系统（后与三期扩建工程同步实施）、南空侧地道、东进场路地道（参见图7-7）。

10.3 东联络通道主要地下道路工程

东联络通道工程涉及的地下道路主要包括东航地道、南空侧地道、东进场路地道。相关地面道路主要包括东航地道东西两侧衔接段、东进场路东西两侧地面衔接段及两条临时道路。

10.3.1 东航地道

东航地道线形为双 U 形通道，西起东航飞机维修基地，东至东航机库，垂直下穿规划东联络通道线位。该通道全线总长 777.2m，其西敞开段长度为 220.0m，暗埋段长度为 267.0m；东敞开段长度为 206.0m，地面接线端长度为 84.2m。全线最小圆曲线半径为 20.0m，最大纵坡 3.5%，车行净空 4.5m。

由于东航地道东侧交通需求很小，预测高峰小时交通量不超过 150pcu，按照双向 2 车道设计，高峰饱和度约为 0.15。东航地道道路横断面宽度为 13.40m、高度为 5.55m，其中单车道宽度为 5.00m，车行道净空为 4.50m。

东航地道位于东航公司内部，对公共交通无影响，主线暗埋段位于东航公司内部道路上方，地道施工时场内的车辆、员工选择南侧绕行，以提供地道施工场地。东航地道建成后，日常按照双向交通进行组织，两侧分别与地面道路衔接。当需要通行大型航材车时，进行交通管制（图 10-5）。

10.3.2 东进场路地道

1. 东进场路地道功能要求

1）三期扩建工程建设前

东联络通道的建设，隔断了东进场路与机场专用高速公路的衔接。三期扩建工程建成前，为保障东进场路的贯通，西安机场仍可以从东、西两个方向进出西航站区，需在东联络通道下方建设东进场路地道（双向），向西衔接西航站区及工作区，向东衔接机场专用高速公路（图 10-6）。

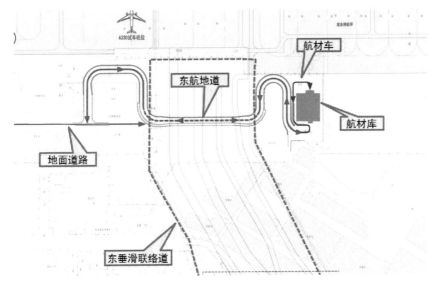

图 10-5 东航地道交通组织方案

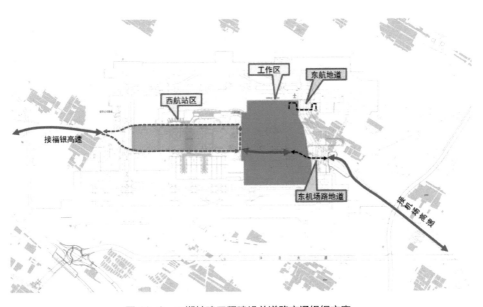

图 10-6 三期扩建工程建设前道路交通组织方案

　　东进场路地道施工时，机场专用高速公路需要临时中断。为保证东进场路交通正常运行，在东进场路地道南侧设临时道路，东进场路地道施工期间，东进场路交通转移至临时道路。

2）三期扩建工程建设后

根据 2016 版总规，远期机场按照"东进东出、西进西出、东西连通"原则组织陆侧交通，东、西航站区之间需要建设陆侧地道进行衔接。三期扩建工程改造东进场路地道与南陆侧地道东航站区段进行衔接，从而转为南陆侧地道使用。鉴于连通后南陆侧地道为双向地道，原规划北陆侧地道被取消（图 10-7）。

2. 东进场路地道工程方案

东进场路地道作为东联络通道配套地道工程，为S形通道，西接东进场路，东接机场高速，下穿东联络通道，双向 6 车道。地道工程全长 1630m，其中敞开段 214m、暗埋段 428m、地面道路 988m，道路最大纵坡 3.5%，车行净空为 5m。地道采用明挖工艺，单层双孔箱涵结构（图 10-8）。

在三期扩建工程中，站坪施工将废弃东进场路地道地面衔接段，东进场路地道暗埋段将向东延伸接南陆侧地道东航站区段。远期随着中卫星厅的建设，拆除围界以西曲线段，并向西沿直线延伸至西航站区（图 10-9）。

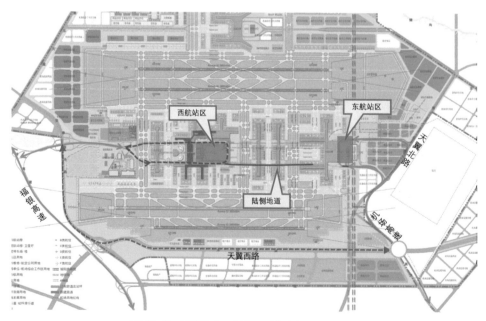

图 10-7　三期扩建工程建设后道路交通组织方案

　　　　大型机场综合交通理论与西安实践

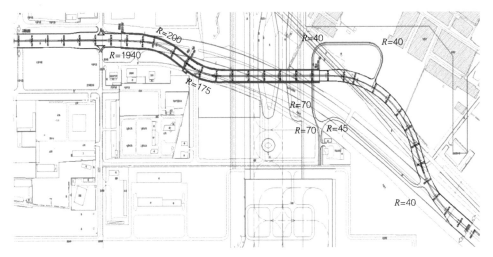

图 10-8　三期扩建工程建设前东进场路与地道平面（单位：m）

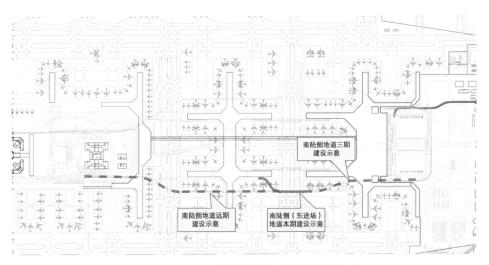

图 10-9　东进场路地道三期与远期对外衔接方案

第 11 章　西安机场西航站区交通改造工程

西安机场西航站区交通改造工程属于既有航站区更新工程，从方案研究、协调落实到工程实施面临了各种挑战。本章依托理论篇第 2 章、第 4 章确定的航站区道路交通需求预测与交通组织方法，重点对西航站区交通改造背景、道路需求预测、改造方案比选与实施方案、施工组织、施工期间交通导改工作等进行详细说明。

11.1　工程背景与要求

11.1.1　工程背景

2012 年 T3 航站楼建成后，西安机场西航站区自东往西呈 L 形分布着 T1、T2、T3 三座航站楼，陆侧交通采用贯穿式道路交通系统，车辆经机场专用高速和福银高速从机场东、西入口均可以抵达各航站楼以及工作区等区域，机场内部主要通过互通立交及地面道路实现车辆分合流（图 11-1）。

T3 航站楼的建成，促进了西安机场航空业务量快速增长。2017 年机场旅客吞吐量突破 4000 万人次，达到 4186 万人次。伴随着西航站区陆侧交通的不断增长，陆侧道路交通存在的一些问题日趋突出，各方主要意见如下。

（1）西航站区有限范围内存在东、西两个方向进出交通，地面各类场站出入口多，各种到发交通、停车进出流线众多、相互混杂，交通引导标识牌数量与信息过多，驾驶员识别判断距离短。

（2）西航站区各类车流交织严重，南、北两主要道路多处区域拥堵。在

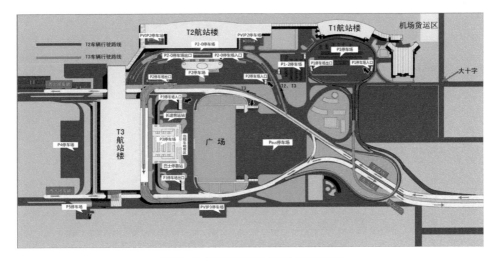

图 11-1　西航站区原有道路交通示意图

T3 航站楼停车场南侧，东离场流线与进出场主线冲突严重，交汇点"四进三出"，交织距离最短处 20m，道路标识牌信息量大。在停车场北侧，进入 T3 航站楼出发流线、西离场流线、出租车接客流线相互交织严重，交汇点"三进七出"，沿途功能分区多，旅客辨识难度大（图 11-2、图 11-3）。

（3）西航站区各小客车停车场、长途客运站、出租车上客点布局不尽合理，高峰小客车停车位不足，出入口布置在上下匝道附近，旅客路边随意停车、航站楼出发层接客现象普遍（图 11-4）。

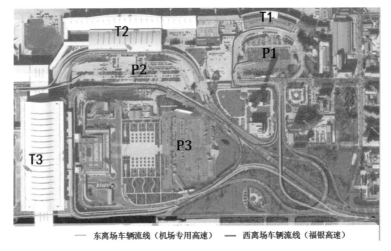

—— 东离场车辆流线（机场专用高速）　—— 西离场车辆流线（福银高速）

图 11-2　西航站区改造前南侧道路交通流线

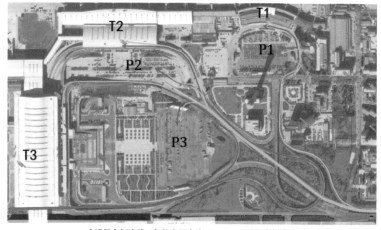

東進場車輛流線（機場專用高速） —— 西進場車輛流線（福銀高速）

图 11-3 西航站区改造前北侧道路交通流线

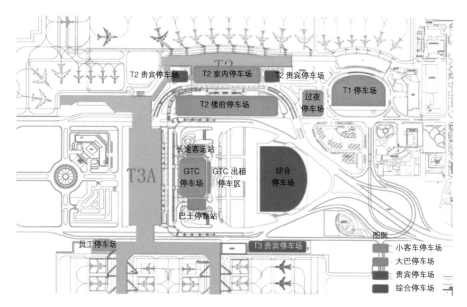

图 11-4 西航站区改造前停车场布局

（4）航站区东南互通立交交通功能过于集中，可靠性不高。东西向进出车流在立交匝道及辅道上交织比较严重，道路系统通行效率不高。

为了满足西安机场客运量快速增长需要，改善西航站区道路交通不畅、停车难、标识混乱等问题，提升机场服务和运输能力，2016 年西安机场启动西航站区道路交通改造方案研究，2018 年实施交通改造工程。

11.1.2　工程要求

（1）道路交通全面改善。西航站区交通改造，要基本消除南、北主要道路车流严重交织现象，缓解高峰交通拥堵。基于"到发分离"原则，要对 T1、T2、T3 三座航站楼到发交通流线进行优化，有效提高交通流线指向性及辨识度。

（2）优化停车场布局。西航站区交通改造，要优化既有各类客车与非机动车停车场布局、出入口设置、内外交通流线，完善智能停车设施，增加停车供应，改善停车体验。

（3）近远结合、减少废弃。西航站区交通改造，要与机场总体规划和建设计划相适应，要充分考虑近期建设与远期规划对接的合理性和技术可行性，减少废弃工程和拆改工程。

（4）保障机场正常运行。西航站区交通改造的各类施工和交通导改工作要始终确保西航站区道路交通、市政管线等关键设施正常运作。

（5）加强机场形象展示。西安机场作为西安面向全国、面向世界第一门户，西航站区旅客进出量大，陆侧交通水平对城市及机场品牌影响较大。西航站区交通改造，既要提高机场交通进出效率，又要促进机场形象的展示。

11.1.3　工程挑战

1. 涉及部门较多，交通导改难度大

对于西安机场西航站区交通改造工程，在工程实施方案、交通组织调整等方面涉及不同部门，协调工作量大。施工期间各类交通方式接送客交通组织不断调整，对相关部门信息沟通、协同行动的要求很高。

2. 各类管线众多，运营保障压力大

西航站区交通改造工程地下管线数量较大，需要对影响工程建设的管线进行保护或改迁，保证管道系统正常使用以及工程顺利实施。相关各类管线改迁实施会对涉及系统运行产生影响，实施前需与各管线管理、使用部门充分沟通，确保施工期间机场正常运行。

3. 相关工程相互制约，工程建设难度大

西航站区交通改造工程实施期间，西航站区除了高架、地面道路、停车场等的建设工程外，同时还在开展轨道交通 14 号线建设，地铁车站及轨道交通区间等部分节点与高架桥梁关系比较复杂，设计、施工时序也不统一，工程建设难度大。

11.2 交通改造需求预测

11.2.1 航空业务量预测

根据三期扩建工程整体计划，三期扩建工程计划 2025 年建成投运。西航站区交通改造应以满足 2024 年交通需求为目标，三期扩建工程（东航站区）投运后，机场整体客流量仍将大幅度增长，但西航站区旅客将被分流到东航站区，旅客吞吐量呈下降趋势。根据 2016 年预测，三期建成前西安机场年旅客吞吐量可达 6300 万人次，进出港高峰小时可达 8778 人次（含中转），其中陆侧进出港旅客 7461 人次，含迎送人员在内高峰小时陆侧进出港人数约9948 人次（图 11-5）。

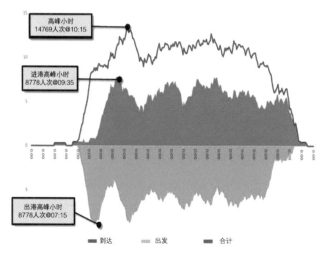

图 11-5　空侧旅客高峰小时进出港流量分析图

11.2.2　西航站区道路交通需求预测

根据西安机场 6300 万人次的预测年旅客吞吐量，西航站区 T1、T2、T3 航站楼高峰车道边小客车送客需求分别为 108pcu/h、969pcu/h、1882pcu/h，合计 2959pcu/h；高峰进停车场接客需求分别为 64pcu/h、582pcu/h、1131pcu/h，合计 1777pcu/h。考虑部分出租车空车进场蓄车，西航站区高峰进场总交通量 4972pcu/h，离场交通量与进场交通量相当（表 11-1）。

T1、T2、T3 航站楼及停车场进场交通量预测（单位：pcu/h）　　表 11-1

交通分类	东进场流量分布		西进场流量分布		合计	
送客	T1 出发层	48	T1 出发层	60	108	2959
	T2 出发层	435	T2 出发层	532	969	
	T3 出发层	847	T3 出发层	1035	1882	
接客	T1 停车场	29	T1 停车场	35	64	1777
	T2 停车场	262	T2 停车场	319	582	
	T3 停车场	508	T3 停车场	622	1131	
	出租车空车	106	出租车空车	131	237	
合计	2237		2734		4972	

11.3　交通改造方案研究

11.3.1　主要改造方案比选

1. 改造方案一

根据 2016 版总规，远期西航站区 T2、T3 航站楼维持不变，改造 T1 航站楼为中卫星厅。方案一结合远期西航站区航站楼（卫星厅）布局规划，将 T2、T3 航站楼到发系统进行整合，按照"先分到发，再分航站楼"思路进行交通方案研究，东段紧贴中卫星厅规划用地，采用高架系统串联 T2、T3 航站楼出发层，调整停车场出入口，组织各方向车流进出（图 11-6）。

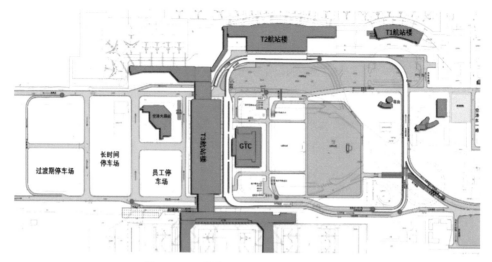

图 11-6　西航站区陆侧道路系统改造方案一

　　方案一具有以下优点：①充分结合远期西航站区建筑布局，布局西航站区道路系统，本期改造工程尽量做到一步到位，构建完整统一的到发交通系统；②交通方向易选择，地面道路通向停车场，高架通向送客平台；③西航站区用地得到最大限度整合，便于后续各项开发利用。

　　方案一具有以下不足：①中卫星厅建筑方案尚未明确，卫星厅平面与竖向布局都不确定，提前规划建设高架系统可能限制未来中卫星厅建设；②拆除既有互通立交修建的东侧上引桥在未来中卫星厅建设时需要拆除；③改造工程投入较大，部分用地需要协调。

2.改造方案二

　　方案二同样基于远期机场总体规划，但暂不考虑中卫星厅建设，将 T2、T3 航站楼作为一个整体，同样按照"先分到发，再分航站楼"思路进行交通方案研究，东段紧贴现状塔台用地，采用高架系统串联 T2、T3 航站楼出发层，调整停车场出入口，组织各方向车流进出（图 11-7）。

　　方案二具有以下优点：①从根本上解决西航站区道路车流交织、交通方向选择困难等问题；②与远期西航站区交通进出契合度较好；③可以保留 T3 航站楼上引桥，作为冗余备份；④既有互通立交暂时保留利用，对 T1 航站楼交

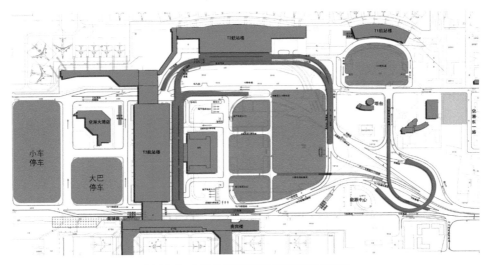

图 11-7　西航站区陆侧道路系统改造方案二

通影响小；⑤西航站区用地相对规整，有利于开发使用。

方案二具有以下不足：①远期中卫星厅建设需拆除既有互通立交，西航站区交通又一次面临较大调整；②塔台西侧新建高架起坡段以及东西下穿地道，在远期中卫星厅建设时可能又要拆除。

11.3.2　改造工程实施方案

经过多轮比选，以 2016 版总规为依据，结合西航站区现有设施布局，满足机场未来 5 年运行为目标，确定以方案二为基础，历经 2 年经各方几十轮讨论完善，最终形成西航站区陆侧交通改造实施方案。

改造实施方案将 T2 和 T3 航站楼出发层高架、地面停车场都作为一个整体进行改造，建成后大幅度提升了西航站区交通系统通行能力和服务水平。

（1）改建机场陆侧交通系统，采用多航站楼单尽端式道路布局方式，以高架桥形式连接 T2、T3 航站楼出发层，拆除 T2、T3 航站楼上引桥，拼宽 T2 航站楼高架桥及 T2 与 T3 航站楼连接匝道桥，形成 T2、T3 航站楼进场大环系统，服务 T2、T3 航站楼高架送客（参见图 7-8）。

（2）合并机场现有 P2、P3 停车场，形成一个大停车场。北移并贯通空港大道，迁建非机动车停车场，增加停车供应，解决机场停车位不足问题（图 11-8）。

（3）新建 P2、P3 停车场东离场下穿通道，完善地面道路系统布局，调整地面停车场出入口，优化航站区进出流线，杜绝东离场车流与主线车流交织。空港大道人车分离，新建人行下穿地道连接 T2 航站楼（图 11-9、图 11-10）。

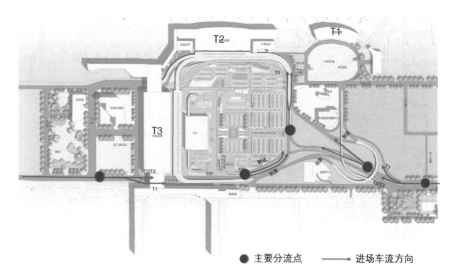

● 主要分流点　　——→ 进场车流方向

图 11-8　西航站区改造后停车场布局

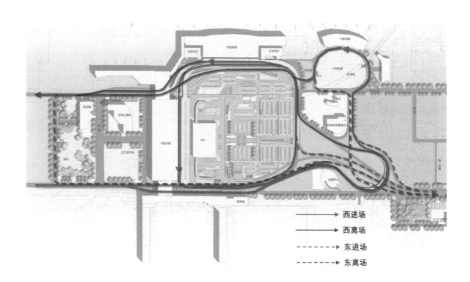

——→ 西进场
——→ 西离场
--→ 东进场
--→ 东离场

图 11-9　西航站区改造后出发旅客送客流线

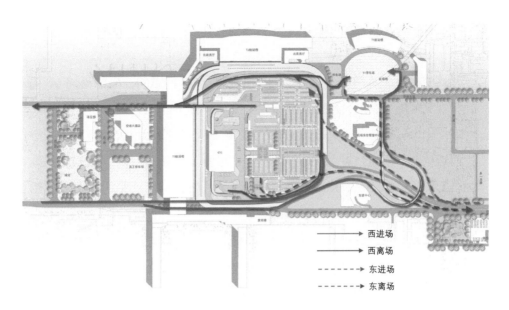

		西进场
		西离场
		东进场
		东离场

图 11-10　西航站区改造后到达旅客接客流线

改造实施方案在有限用地情况下，以高架道路连接 T2 与 T3 航站楼出发层、以地道联系主进场路两侧道路，最大限度解决了既有道路车流交织、交通拥堵症结，提升了西航站区道路通行效率。通过交通模拟分析，2024 年旅客吞吐量达到 6300 万人次情景下，改造实施方案能较好地保障西航站区高峰期间交通运行（图 11-11）。

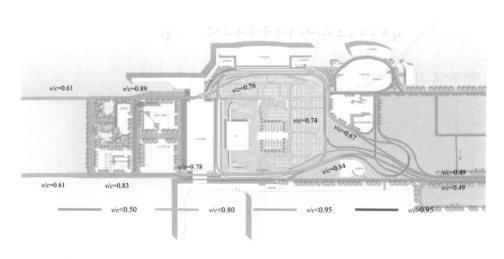

图 11-11　改造实施方案 2024 年机场陆侧道路饱和度预测

11.3.3 改造工程实施组织

为减少改造工程施工对西航站区交通及机场运行影响，保障机场平稳运行，根据工程周边交通、地下管线等各类情况，制订如下施工组织方案。

第一阶段：施工准备，管线迁移，建设 T2 与 T3 航站楼前新增高架、新增上匝道桥梁、新增空港大道等不影响西航站区运行的道路设施（图 11-12）。

第二阶段：修建临时主线道路、高架系统起坡段，东、西进场路进入 T2、T3 航站楼交通局部改线（图 11-13）。

第三阶段：拆除 T2 航站楼原有上引桥，修建与 T2 航站楼原上引桥相交部分桥梁，完成其他剩余地面道路、停车场站建设，东、西进场路进入 T2 航站楼高架交通贯通（图 11-14）。

第四阶段：拆除 T3 航站楼原有上引桥，调整停车场进出口布局，恢复地面交通与安装附属设施，东、西进场路进入 T2 与 T3 航站楼交通、停车场交通全面调整到位（图 11-15）。

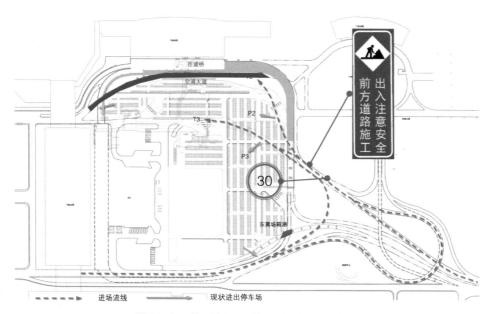

图 11-12　第一阶段工程施工期间交通组织流线

　　　　　　　　　　　　　　　大型机场综合交通理论与西安实践

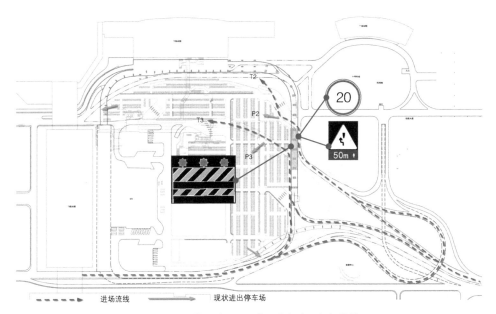

图 11-13　第二阶段工程施工期间交通组织流线

图 11-14　第三阶段工程施工期间交通组织流线

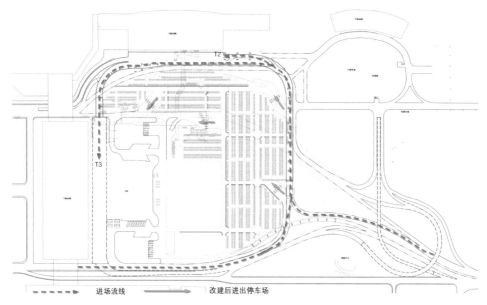

进场流线 ──── 改建后进出停车场 ━━━▶

图 11-15　第四阶段工程施工期间交通组织流线

11.4　施工期间交通导改工作

11.4.1　交通导改工作说明

西安机场西航站区交通改造工程，彻底改变了西航站区交通组织模式。为了保障机场安全平稳运行，改造工程不同阶段交通导改责任重大。2018 年 12 月 31 日工程开工后，西安机场西航站区交通改造工程共历经 4 次大型交通导改、8 次小范围局部线路调整，累计调整机场进出路线 56 次。

交通导改期间，机场相关运行单位召开大小会议 70 余次，完善导改方案 60 余个版本，现场模拟演练 10 余次，制作导改宣传动画视频 50 余个版本，员工宣贯培训累计 4000 人次，制订导改应急预案 20 余个版本（均未启动），导改现场指挥人员 300 余人，协调高德、百度地图等导航公司更新地图 13 次，提前 7 天通过主流媒体宣传机场交通导改信息，并利用微信公众号、朋友圈、宣传手册等向社会群众深入宣传，印发交通导改宣传手册 5000 份。

11.4.2 第二次交通导改方案

在西航站区交通改造施工过程中，一共发生 4 次大范围交通导改，每次交通导改都具有不同特点。其中，第二次交通导改在整个施工期间难度最大、研究讨论时间最长。

第二次交通导改方案演变复杂，共调整进出机场 15 条交通流线，彻底改变了机场西进、西出、东进、东出主要流线，对旅客陆侧进出港影响较大，一旦导改失败，将直接影响机场运行（图 11-16）。

第二次导改方案历经 4 个多月不断优化完善。改造方案确定后，相关单位对实施导改的每个细节和关键点进行梳理，针对 2 条主要线路及 4 个关键堵点制订相应分流、疏导以及应急预案，成立应急领导小组，制定应急处置流程（图 11-17）。

关键堵点 1：桥下临时门洞。门洞处线路长约 150m，但有三处几乎 90°连续转弯，且通道转弯半径小，大车转弯困难，T2 航站楼上引桥被桥梁施工遮挡，不易辨识，评估后认为车辆在该处行驶缓慢，极易引发堵车。研究后提

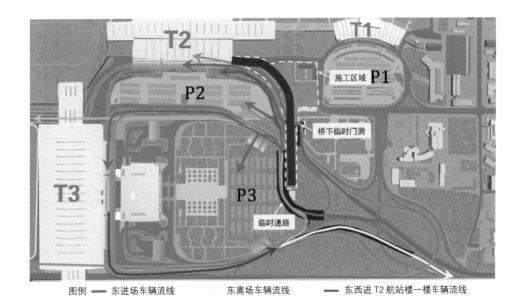

图例 —— 东进场车辆流线   —— 东离场车辆流线   —— 东西进 T2 航站楼一楼车辆流线
—— 西进场车辆流线   —— 西离场车辆流线   —— T3 航站楼高架桥离场车辆流线

图 11-16 第二次交通导改后主要车辆流线图

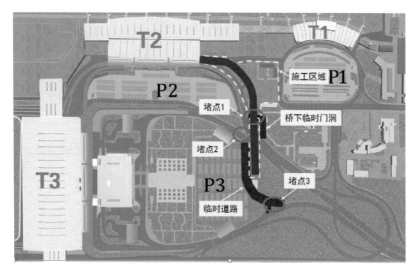

图11-17　第二次交通导改拥堵点分析图

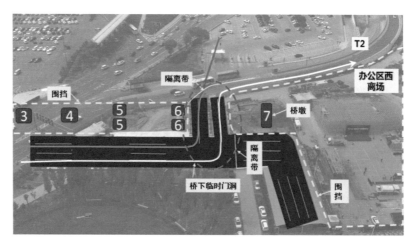

图11-18　第二次交通导改堵点1交通分析图

出三个解决措施：①拆除该处自行车棚，建设临时道路，当发生堵车时将车辆引流至 T1 航站楼；②将拖车放置在临时道路上，若发生交通事故，及时将车辆拖走，防止大面积堵车；③工作人员现场引导交通，为车辆驾驶员提供指引（图 11-18）。

关键堵点 2：临时道路车辆汇流、分流处。第二次交通导改期间，临时道路成为机场进场主通道，至少汇聚七股车流，车辆在 P3 停车场入口前区域进

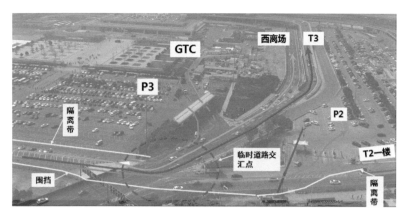

图11-19 第二次交通导改堵点2交通分析图

行分流。由于分流距离短、交通流量大、临时标识效果差、各车辆混流变道严重等原因，车辆行驶较为缓慢，容易发生拥堵。研究后在该处实施三个措施：①工作人员现场引导交通，为车辆驾驶员提供指引；②增加标识指示牌和地标；③制定特定疏导措施及应急预案，在接到交警发出拥堵信息后，立刻启动应急预案（图11-19）。

经过充分准备，2019年5月13日10：00，改造工程所有工作人员到现场集合，导改任务由指挥长统一指挥，发号施令。10：20确认各路口人员是否到位。10：25确认各单位现场工作准备情况。10：30各路口工作人员以15秒的间隔依次按顺序对空港大道、P3停车场东侧地面掉头环、T2航站楼内环道入口与上引桥口进行封闭，再依次开通P3停车场东侧临时道路、东进场前往T3航站楼方向道路、T2航站楼上引桥前桥下临时道路，最终在1分钟内完成了道路的顺利切换。

11.4.3 第二次交通导改经验

（1）充分讨论研究，形成最优方案。以"建设运营一体化"为指导思想，运行单位和建设部门发挥主体职能，多次组织运行、设计、施工、监理等单位人员对导改方案进行研究分析，才形成既满足建设需要又确保运行平稳的最优方案。

（2）采用"错峰导改"交通疏导方式。依据机场统计数据，清明、五一等节假日出行人数会骤然增加，周末和各类保障活动期间机场旅客会短期增加，周三机场航班最少，出行高峰期是 6：00~9：00、13：00~15：00 和 20：00~22：00 三个时间段。经机场运行单位协同，选择"错峰导改"，第二次交通导改时间确定为 5 月 13 日周三 10：30。

（3）提前研判风险点、堵车点，做好疏导方案和应急预案。在第二次交通导改方案确定后，机场运行单位及工程项目部结合机场交通特点和施工要求，提前预判导改方案堵车点、风险点，制订相应分流、疏导方案以及应急预案。

（4）广而告之，做好宣传工作。利用机场微信公众号、96788 服务号、机场官网等自有媒体以及各大媒体网站多渠道、多轮次进行信息发布，并提醒机场员工积极转发，广泛宣传。同时，提前 10 天在西进场、东进场以及各路口、路段设置醒目的警示牌，提醒来往旅客谨慎驾驶、减速慢行。

（5）协调导航公司，确保及时切换导航信息。紧密对接高德、百度导航软件及滴滴出行等网约车公司，组织相关工作人员踏勘现场，熟悉线路，确保相关公司在导改当天 10：30 同步更新、切换导航信息。

（6）组织大规模培训和模拟演练。对机场员工与空管、油料、航空公司等驻场单位及空港新城、出租车、网约车等外部单位开展多轮次导改方案宣贯。机场汽运公司、保安公司、配餐公司等，提前安排特种车辆（消防车等）、大巴车辆（长途班车等）、贵宾车辆分次、分时段对重点区域进行道路测试和演练。针对大型车辆转弯不便，组织大巴驾驶员进行数次路测，及时调整优化方案。

（7）交警现场指挥交通，人员分工到岗。机场公安局交警支队在 4 个重要路口进行 24 小时不间断值守。场区管理部、保安公司等单位在不影响正常运行的情况下，从 5 月 12 日晚开始拆除和更换道路标识牌，并对部分道路标线重新划设。5 月 13 日凌晨完成所有标识牌的更改和标线的更新。导改完成后，所有工作人员配合交警现场指挥，引导车辆行驶。

11.5 交通改造工程实施效果

西航站区交通改造工程总体形成了"西进西出"骨干交通体系，提高了场区道路交通能力，增加了停车供应，改善了景观形象，旅客出行体验明显改善，保障了西安机场快速发展需要。交通改造完成并运营后，高架交通系统"先分到发，再分航站楼"，旅客方向识别容易，流程清晰简洁，交通标识牌以及手机导航系统高效顺畅指引。在各类节假日及高峰时段，西航站区道路交通系统平稳运行，均未发生明显拥堵情况。

第12章 西安机场三期东航站区陆侧交通工程

西安机场三期扩建工程陆侧综合交通研究历经多年，最早可追溯到总体规划修编。陆侧交通专项研究过程中，理论篇第 2~6 章确定的各种方法、原则和要求，都一直在指导着西安机场三期道路、轨道交通、换乘枢纽等各类交通系统的研究。本章重点对三期扩建工程东航站区铁路轨道交通场站、GTC、东航站区主进场路、到发车道边、东西航站区陆侧地道、远端停车场等方案进行说明。

12.1 三期扩建工程概况

为进一步促进区域经济社会协调发展，加快西安国际航空枢纽建设，提升机场综合保障能力和服务水平，满足航空业务量快速增长需要，在 2016 版总规批复后，西安机场按照建设我国向西开放的大型国际枢纽、"一带一路"航空物流枢纽以及西部地区国家级综合交通枢纽目标，及时推进三期扩建工程各项准备工作。

在 2019 年东联络通道、西航站区交通改造等各项工程建成使用后，2020年 7 月西安机场开始三期扩建工程建设。西安机场三期扩建工程按满足 2030年旅客吞吐量 8300 万人次、货邮吞吐量 100 万 t 的目标进行设计。其中，东航站区交通工程围绕打造集航空、高速铁路、城市轨道交通以及各类道路交通等于一体的综合交通枢纽开展，主要包括东侧主进场路、航站区道路系统、南陆侧地道、空侧捷运系统、GTC、高铁车站、地铁车站、楼前停车库、远端停车场等各类交通工程（图 12-1）。

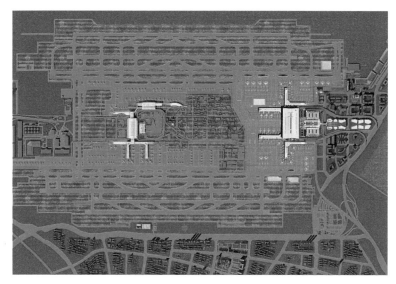

图 12-1　西安机场三期扩建工程平面布局图

12.2　东航站区 GTC

12.2.1　东航站区 GTC 交通构成

　　大型机场 GTC 围绕旅客换乘中心，整合陆侧各类交通系统，引导航站楼与陆侧交通设施之间到发换乘。根据总体规划，三期扩建工程东航站区地面交通中心包含地铁站、高铁站，以及长途大巴、机场大巴、公交车、摆渡车、出租车、小客车、网约车等各类车辆停车设施与上下客点。三期扩建工程建成后，西安机场拥有东、西航站区两个 GTC，需要通过陆侧地道和轨道交通进行衔接（图 12-2）。

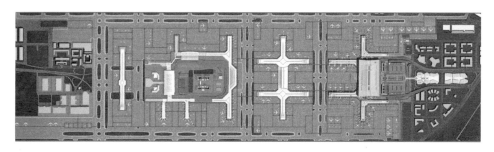

图 12-2　西安机场东、西航站区 GTC 规划布局

12.2.2 GTC 铁路轨道交通车站

1. 规划地铁与高铁线路

根据西安都市圈城市轨道交通和铁路枢纽最新规划方案，西安机场三期东航站区预留 12 号线、14 号线、17 号线 3 条地铁线和 2 条高铁（含城际）接入条件，轨道车站布局方式主要整体采用平行航站楼方式。三期扩建工程开工时，地铁 14 号线已建成运营，东航站区设机场（T5）站（临时封闭）。三期扩建工程中相关轨道交通工程主要包括 12 号线、17 号线地铁车站，4 台 8 线高铁（含城际）车站，相关车站工程主要为结构预留（图 12-3）。

2. 高铁车站布局

预留高铁车站位于西安机场东航站区 GTC 东侧，车站位于停车库第三、第四模块下方，西侧与停车库第二模块毗邻。车站结构主要由三层组成，分别为候车层、出站层、站台层。候车层为地下一层（-4.500m），位于车站中部，与 GTC 旅客换乘中心相通；出站层为地下二层，中部设置出站厅，与 GTC

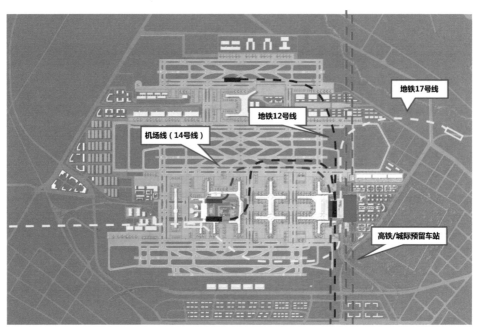

图 12-3 西安机场城际及轨道交通线路站位设置示意图

旅客换乘中心相通；站台层为地下三层，共 4 座站台，包括两座侧式站台、两座岛式站台。

预留高铁车站流线与 GTC 内部功能流线一致，不同旅客换乘组织顺畅合理。车站进站、出站流线分层设置，避免了车站进出客流之间交织。高铁出发旅客通过候车厅两侧进站楼扶梯下至站台层乘车，高铁到达旅客通过出站楼扶梯上至出站厅离开车站，再经由 GTC 旅客换乘中心与其他交通方式换乘（图 12-4、图 12-5）。

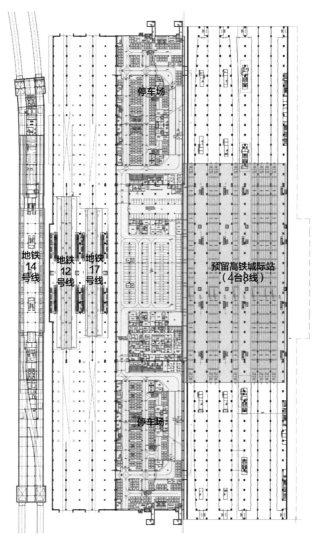

图 12-4　铁路、轨道交通车站平面布局图

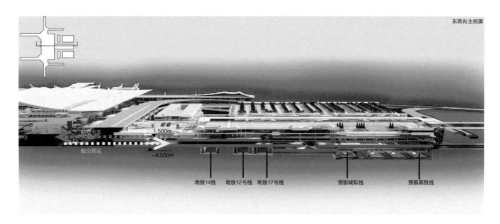

图 12-5　铁路、轨道交通车站竖向布局图

12.2.3　GTC 旅客换乘中心

1. 功能布局与换乘流程

旅客换乘中心是东航站区 GTC 核心建筑，立体整合了长途大巴、机场大巴、摆渡车、城市公交等地面公共交通，同时也实现了与地铁车站、高铁车站上下立体换乘。对于旅客换乘中心与各类交通设施的换乘距离，最远步行距离不超过 300m，95% 的旅客可实现 6 分钟快捷换乘（图 12-6）。

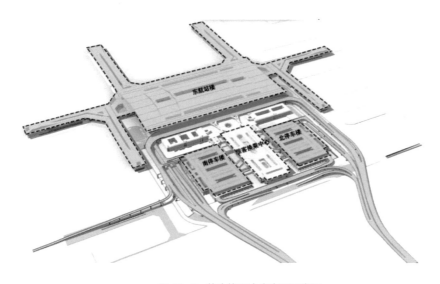

图 12-6　旅客换乘中心布置示意图

GTC与T5航站楼换乘布局方面，平面上采用多通道平行串联型实现与航站楼的联系，竖向上设两大换乘通道，采用"地上步廊串联+地下人行通道串联"方式。

旅客换乘中心为地上2层、地下局部3层布局，各层功能布局如下：地上二层（标高为8.000m）主要作为办公管理用房，地上一层（标高为1.500m）主要布置有出租车、公交车、长途大巴、摆渡车、机场大巴候车及上客点，地下一层（标高为-4.500m）主要布置地铁站厅、高铁候车厅，-10.250m夹层主要布置高铁到达、设备用房、后勤管理用房，-13.700m夹层主要布置地铁站台，-18.150m夹层主要布置高铁线站台。旅客换乘中心与航站楼、东商务区、停车楼均为两层相接，采用到达和出发分层的模式组织客流（图12-7）。

2. 地上一层出发流线

地上一层平面为航空旅客主出发层，不同标高层乘坐社会车辆、巴士、地铁、高铁的航空出发旅客通过垂直交通的转换，经地上一层平面的出发换乘通道去往航站楼地上二层（7.500m）和地上三层（14.500m）进行航空出发（图12-8）。

（1）停车楼旅客：7.500m层或-4.500m层→1.500m换乘层→航站楼。

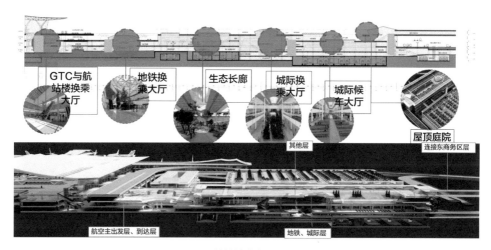

图12-7　航站楼前剖面关系示意图

（2）地铁旅客：-13.700m 层站台→ -4.500m 层站厅→ 1.500m 换乘层→航站楼。

（3）高铁旅客：-18.150m 高铁站台层→ -10.250m 高铁出站层→ -4.500m 层站厅→ 1.500m 换乘层→航站楼。

3. 地下一层到达流线

地下一层平面为航空旅客主到达层，到达旅客通过本层换乘通道去往不同标高层的社会车辆、巴士、地铁、城际等各类交通工具进行换乘（图 12-9）。

（1）T5 航站楼一层（+0.500m）到达旅客，可直接进入 GTC 一层大巴候车区，也可向下进入出租车上客车道边或向上到达快速接客车道边、私家车停车楼层、地铁站厅及城际候车厅。

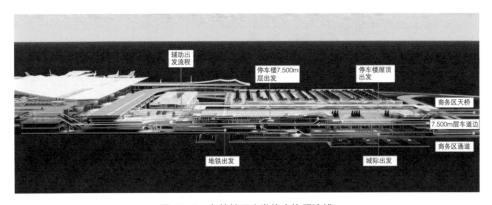

图 12-8　东航站区出发旅客换乘流线

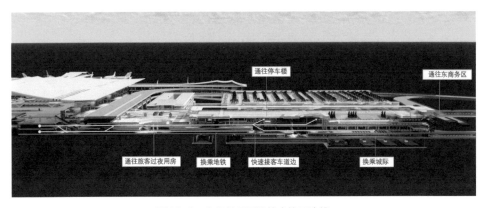

图 12-9　东航站区到达旅客换乘流线

　　　　　　　　　　　大型机场综合交通理论与西安实践

（2）T5 航站楼地下一层（-6.500m）到达旅客，可直接进入 GTC 地下一层停车楼快速接客车道边，也可通过本层到达地上一层连接其他各层。

12.2.4 GTC 停车楼

1. 停车楼布局设计特点

东航站区 GTC 旅客换乘中心南、北设置单元式停车楼，共 8 个开敞式停车模块，约 5300 个停车位，具有停车数量大、使用频率高、设施要求高等特点。结合大型机场停车特征和旅客服务需要，GTC 停车楼具有以下布局设计特点。

（1）停车楼南、北分区，南、北停车楼互联互通。

（2）停车楼采用单元式敞开布局，便利防火分区和自然通风采光，降低造价与运维成本，实现低碳节能。

（3）停车楼均设置 2 层进场、2 层离场道路系统，分层收费，避免停车进出拥堵。

（4）停车楼各层设置接客车道边，满足旅客上下需求。

（5）结合长、短时停车，合理分区，实现车位周转效率最大化。

（6）停车楼设置车位引导系统，便于车主寻找车位。

（7）停车楼人行系统全覆盖，人流集中处设置航班显示和缴费系统，方便旅客出行。

2. 平面布局

（1）地下三层（-14.000m）、地下二层（-9.500~-10.000m）主要功能为小客车停车区（配备充电桩）、人防工程及接客车道边；停车楼区域外西侧为地铁 12 号线、17 号线预留工程，东侧为高铁车站预留工程；南、北停车楼设连通车道，并与旅客换乘中心相连；在靠近旅客换乘中心一侧布置垂直交通核。

（2）地下一层（-5.000m）主要为小客车停车区及网约车接客车道边，本层可与航站楼、旅客换乘中心直接连通，在靠近旅客换乘中心一侧布置垂直交通核。

（3）地上一层（0.000~-1.000m）主要为小客车停车区、大巴停车区（南侧）、接客车道边及停车库出入口，在靠近旅客换乘中心一侧布置垂直交通核（图12-10）。

（4）4.000m夹层主要为小客车停车区、智能停车区（北侧）及接客车道边，在靠近旅客换乘中心一侧布置垂直交通核。

（5）地上二层（7.500m）主要为小客车停车区、大巴停车区、接客车道边及停车库出入口，南侧布置有航空出发回场通道；本层可与旅客换乘中心直接连通，在靠近旅客换乘中心一侧布置垂直交通核。

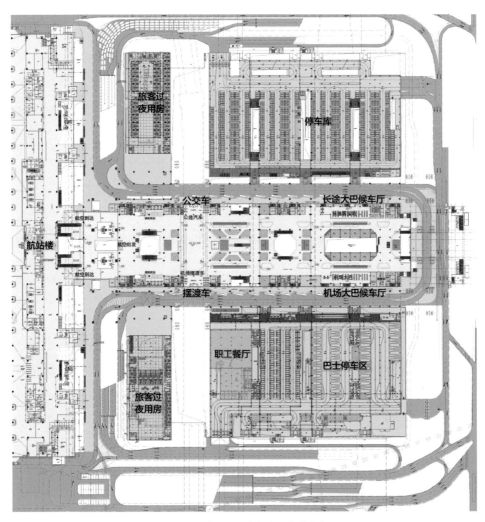

图12-10 地上一层停车库及车道边布局

（6）11.000m 夹层为远期预留层，仅设置必要汽车通道和垂直交通核。

（7）屋顶层（14.500m）主要为小客车停车区（配备充电桩），其中南侧为航空出发回场停车区，停车布局主要结合景观布置；本层可与旅客换乘中心屋顶连通，在靠近旅客换乘中心一侧布置垂直交通核。

12.3 东航站区陆侧道路系统

12.3.1 东航站区道路交通设施布局

1. 航站区周边情况

东航站区位于西安机场东侧，航站区东侧为空港商务区及唐顺陵保护区，商务区南侧为机场 DVOR 台（全向信标导航台）及龙枣村。东航站区主要通过机场专用高速接东进场路高架进出，机场专用高速与天翼西路方向交通联系通过立交转换。空港商务区主要利用天翼北路集散，并通过互通立交连接天翼西路、机场专用高速。

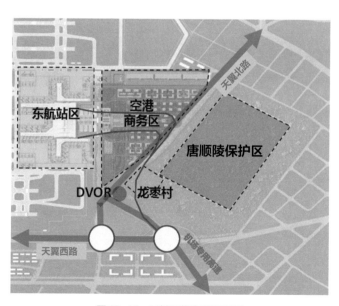

图12-11 区域设施布局示意图

2. 东航站区陆侧交通设施布局

东航站区陆侧南北向为648m，东西向为477m，陆侧交通设施包括：①南、北停车楼；②出发层车道边（14.500m层及7.500m层）；③到达层车道边（出租车、机场大巴、长途大巴、公交车）；④轨道交通（14号线、预留12号线、17号线）；⑤高铁/城际车站（4台8线）；⑥高架进场、离场路；⑦地面进场、离场路及相关循环道路、联络通道；⑧南陆侧地道、航站楼前地道等（图12-12）。

结合各建筑布局及交通需求，东航站区集以上交通设施于一体，形成航空、铁路、轨道交通、出租车、大巴、小客车等多种交通便捷换乘的立体综合交通枢纽。其中，东航站区道路系统自下而上分别为地下层（地道）、地面层（地面道路）、7.500m高架层、14.500m高架层（图12-13）。

12.3.2 东航站区陆侧道路交通原则

东航站区集聚了铁路、地铁、停车、过夜用房以及各种进出高架、地面、地下多层道路系统，日进出交通流量高达10万pcu，各类出发、到达、通勤、业务等道路交通流线多达几十条，交通组织难度较大。

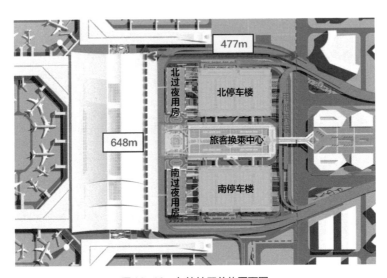

图12-12 东航站区总体平面图

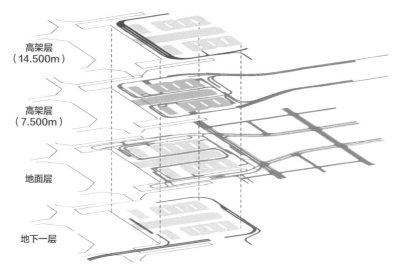

高架层
（14.500m）

高架层
（7.500m）

地面层

地下一层

图12-13　东航站区四层立体道路布局

1. 流线分类，分级保障

　　东航站区陆侧交通流线数量多达几十条，需要进行分类保障。按照服务对象、方向来源等因素，将陆侧交通流线分成主要流线、次要流线、一般流线三类。不同类型流线既要有所兼顾，从场地条件及投资经济性上考虑，又要进行差异化组织保障。例如，旅客流线是机场最重要部分，优先保障。旅客流线中，主要进场方向以及承担主要旅客进出航站楼相应流线最为重要。VIP交通虽然量不大，但也需给予足够重视。员工流线重要程度次之（表12-1）。

2. 立体交通，集约用地

　　鉴于东航站区T5航站楼采用分层进出的建筑布局、东航站区陆侧空间比较局限等因素，东航站区陆侧需要采用地下、地面、地上多层立体布局满足各类交通设施布局需要，并形成与T5航站楼衔接的多层立体道路交通系统。对于高架道路交通设施，除了充分保障立体交通集散效率，还要有效利用桥下空间，桥隧结合，合理布设地下道路敞口段，尽量压缩航站区道路设施占地范围，提高航站区土地综合利用效率（图12-14）。

级别	分类	内容	备注	组织原则
主要	大部分旅客交通	出发流线	流量较大，重要流程	优先保障流线顺畅，快进快出
		停车楼流线		
		接客流线		
		VIP流线		
		……		
次要	部分旅客交通 工作交通 员工交通	北向停车楼流线	流量较小，但是机场正常运行所需的常规流程	重点考虑流线顺畅，顺应主要流程
		酒店流线		
		东、西区联系流线		
		城市行李车流线		
		……		
可能	部分后勤交通 紧急流程 容错流程	车库满员离场流线	流量极小，特殊工况下的流程	路通即可，可以绕行
		接客出租车，空车离场流线		
		误入VIP离场流线		
		商务区进出停车楼流线		
		……		

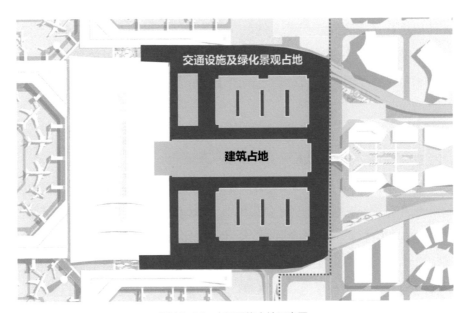

图12-14　交通设施占地示意图

3. 北进南出，单向组织

东航站区陆侧交通流线数量众多，为简化道路交通组织管理、提高陆侧道路进出交通效率、顺应主进场路及航站楼布局特点，在东航站区构建北进南出的单向立体道路交通系统，避免主要交通流线在航站区可能出现的各种影响交通的车流交织现象（图 12-15）。

4. 提前引导，逐级分流

东航站区 T5 航站楼有两层出发车道边，7.500m 层车道边又分为南北两个部分，停车楼也分为南北两个模块，目的地较多，需要驾驶员在短时间内作出准确判读。东航站区采用"提前引导，逐级分流"的指引模式，在靠近航站楼的主进场路上提前设置交通标识牌提示驾驶员变道，通过逐级分流，尽可能减少每个标识牌的信息量来减少判读难度，引导车流有序到达车道边、停车楼、VIP 贵宾厅等目的地（图 12-16）。

5. 内侧管控，外侧开放

东航站区陆侧部分区域由于管理需要不对社会公众开放，如出租车及机场大巴接客区域不允许社会车辆进入，特定区域仅机场工作人员及工作车辆可以进入。在充分保障旅客集散交通的前提下，对航站区陆侧区域采取"内侧管

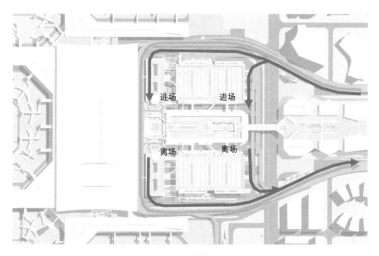

图 12-15　单向流线组织示意图

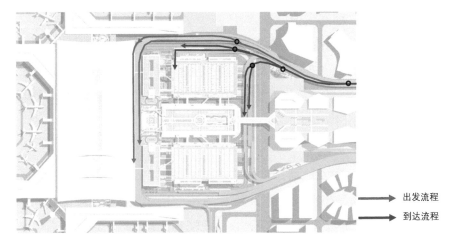

出发流程

到达流程

图12-16　逐级分流指引系统示意图

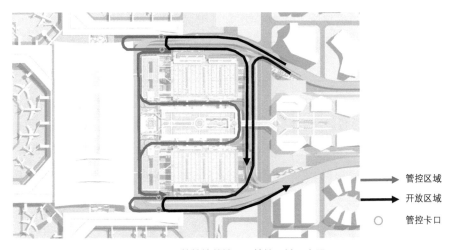

管控区域

开放区域

○　管控卡口

图12-17　航站楼前地面层管控区域示意图

控，外侧开放"的管控模式，进出社会车库及VIP的进出口位于外侧，进入贴近航站楼的出租车、大巴接客区的出入口位于内侧，既体现了公共服务优先的原则，又分散了T5航站楼前交通量，降低了交通组织管理难度（图12-17）。

12.3.3　陆侧道路系统研究历程

从2016版总规至三期扩建工程实施，东航站区陆侧道路交通方案历经多轮研究变化，重点包括主进场路进场模式变化、T5 航站楼前道路系统布局方案变化、T5 航站楼与 GTC 衔接方案变化等。

1. 主进场路进场模式

主进场路进场模式经历了多次调整变化。2016 版总规基于调整 DVOR 台天线高度或者搬迁 DVOR 台，提出主进场路东进场模式。此后由于 DVOR 台及龙枣村限制，提出了南进场模式；接着空港新城基于 DVOR 台不动、龙枣村搬迁，再次提出东进场模式。因此，在三期扩建工程研究阶段，东航站区主进场路重点进行了南进场和东进场两种模式的研究（图 12-18）。

首先，南进场模式主要特征是机场集散系统与空港新城集散系统各自独立，机场通过机场专用高速集散，空港新城通过天翼北路集散。其次，南进场模式在楼前形成"三环"高架系统分别服务南向、北向旅客接送客，东进场模式形成"两环"高架系统服务旅客接送客。两种进场模式均在楼前分到发，符合交通引导辨识习惯（图 12-19、图 12-20）。

在机场与空港新城联系方面，南进场模式中空港新城车辆可通过上下匝道实现与机场 7.500m 层联系，通过地面可与北侧停车楼联系；东进场模式中空港新城可通过上下匝道与机场各层出发层及停车楼联系。两种模式空港新城均可通过地下通道实现与机场 GTC 的人行联系。

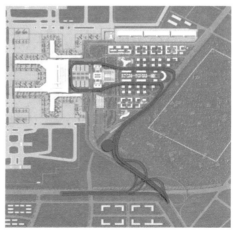

图 12-18　三期南进场、东进场两种模式

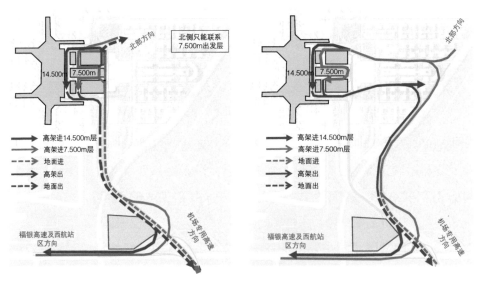

图12-19　南进场、东进场两种模式出发层送客流线

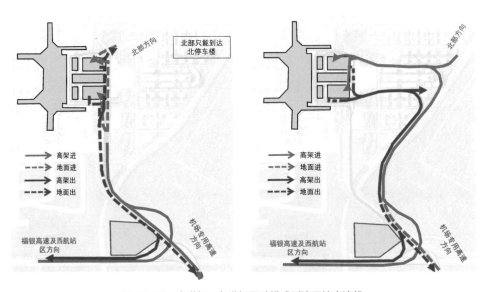

图12-20　南进场、东进场两种模式到达层接客流线

　　在南进场模式中，出租车、大巴从蓄车场进场接客通道及接客后离场通道与机场主进场离场通道重合，一定程度上增加了主进场离场通道交通压力；在东进场模式中，出租车、大巴从蓄车场进场接客通道与机场主进场通道相互独立（图12-21）。

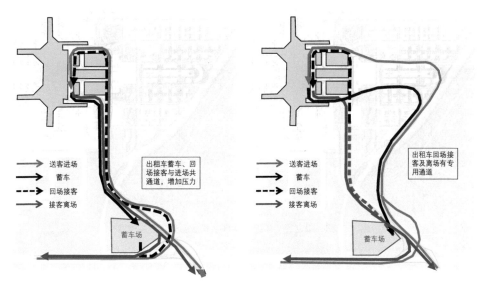

图12-21　南进场、东进场两种模式出租车流线

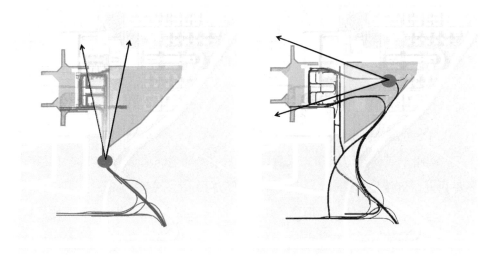

图12-22　南进场、东进场两种模式视觉效果展示

在视觉效果展示方面，南进场模式对航站楼建筑立面以及空港新城城市面貌展示作用比较有限，而东进场模式可以使其得到较好展示（图12-22）。

在南进场模式中，进场路进口与出口集中在航站楼南侧，导致楼前高架也汇集在南侧，较为复杂；东进场模式中进口位于航站楼北侧，出口位于航站楼南侧，进出分开，与之衔接的航站楼前高架也进出分离，较为简单（图12-23）。

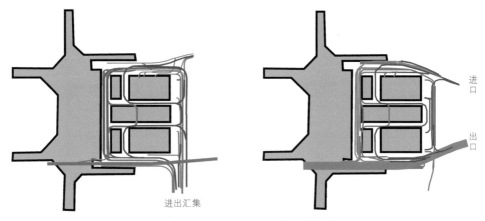

进口

出口

进出汇集

图 12-23　南进场、东进场两种模式楼前道路复杂程度

综合比较南进场模式与东进场模式，东进场模式在空港新城与机场联系方面，可以更好地建立两者之间的联系；在交通运行状况方面，由于出租车回场接客有专用通道，不会增加主进场、离场道路交通压力；在视觉效果展示方面，可以更为全面地展示空港新城及航站楼建筑面貌；在楼前高架系统复杂程度方面，进出分离较为简单清晰。另外，东进场模式与空港新城城市设计更加契合，因此最终推荐东进场模式。

2. T5 航站楼前道路系统布局方案

在明确了航站楼进场模式以后，T5 航站楼前道路系统总体布局又经历了多轮研究，重点是 7.500m 层出发车道边构型，以及 T5 航站楼与 GTC 人行、车行衔接方式，先后依次经历了"几字形""一字形""双 L 形"三个阶段。

1）"几字形"布局方案研究

第一阶段：2018 年 3—8 月，东航站区基本明确采用东进场模式，在此基础上进行楼前道路系统的深化设计。航站楼、GTC、旅客过夜用房等航站楼前建筑设施基本维持不变（相较于南进场模式），7.500m 层车道边与东进场路、东离场路衔接形成"几字形"布局。车道边位于旅客过夜用房与停车库之间，并与旅客换乘中心—T5 航站楼主楼外延部分紧密衔接（图 12-24）。

对于"几字形"布局方案，航站楼前场地场坪标高为 -5.000m，航站楼与 GTC 之间有三层东西向人行联系，分别为 -5.000m 层、0.000m 层以及

图 12-24　7.500m 层"几字形"车道边示意图

7.500m 层，车行衔接有两层，分别为 7.500m 出发层（外绕）以及 14.500m 层，-5.000m 层车行系统在航站楼前设置下穿地道避让人行（图 12-25）。

2）"一字形"布局方案研究

第二阶段：2018 年 8 月至 2020 年 7 月，三期扩建工程可研及初步设计阶段。2018 年 8—9 月，随着航站楼前建筑布局优化调整，以及出于对"几字形"车道边交通组织可能风险的考虑，提出将 7.500m 层车道边"拉直"，且贴近 T5 航站楼布局方案。T5 航站楼前形成双层高架车道边（图 12-26、图 12-27）。

图 12-25　航站楼与 GTC 三层人行、三层车行衔接示意图

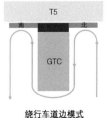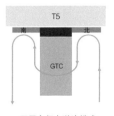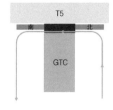

绕行车道边模式　　下层穿行车道边模式　　下层弯型车道边模式　　叠合车道边模式

图 12-26　7.500m 层车道边研究演变历程

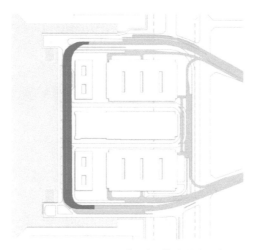

图 12-27　7.500m 层"一字形"车道边示意图

2018 年 8 月至 2019 年 3 月，基于 7.500m 层车道边"拉直"的前提，航站楼前道路系统总体布局又经历了多轮次调整及优化。例如，考虑到 T5 航站楼前防洪排涝风险，2018 年 9 月起研究地坪标高由 −5.000m 抬升至 0.000m（相对标高），结合场坪及建筑出入口方案同步调整道路方案，分别对停车楼进出口布局、停车楼南北联络通道、快速接客车道边布局、出租车接客通道等进行了调整（图 12-28、图 12-29）。

7.500m 层车道边拉直且贴近 T5 航站楼后，航站楼与 GTC 之间 7.500m 层人行衔接被打断，另外楼前地坪相对标高确定为 0.000m 后，原南北向出租

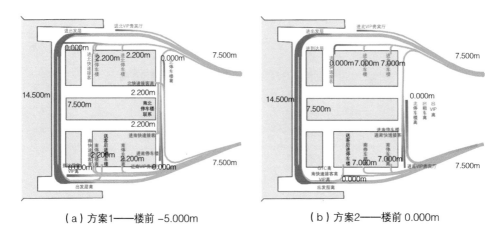

（a）方案1——楼前 −5.000m　　　　（b）方案2——楼前 0.000m

图 12-28　T5 航站楼前地坪标高抬升前后高架系统布局对比

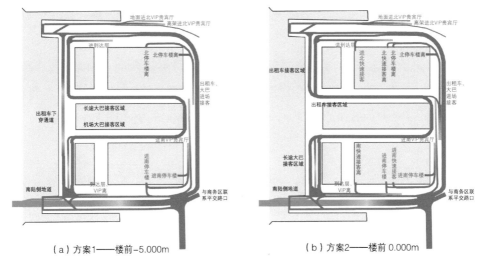

（a）方案1——楼前–5.000m   （b）方案2——楼前0.000m

图 12-29　T5 航站楼前地坪标高抬升前后地面及地道系统布局对比

车地道由于场坪抬高埋深加大，无法在南北向设置出租车接客通道，出租车需通过地面层与大巴车辆交替靠近换乘中心接客，此时航站楼与 GTC 之间有两层东西向人行联系，分别为 –5.000m 层以及 0.000m 层，车行衔接有两层，分别为 7.500m 层及 14.500m 层（0.000m 层道路外绕）（图 12-30）。

2019 年 3—7 月，由于地面层出租车与大巴存在较严重交织，同时南、北停车楼联系不强，针对这些问题，对方案进行了不断优化完善研究。调整方案考虑过将南、北停车楼进口通道整合，停车楼连成整体，大巴接客及快速接客移至 7.500m 层，且与停车楼共用通道进出。经各方讨论，认为 7.500m 层设置的南、北停车楼连通道以及 GTC 7.500m 层大巴场站会对建筑形态带来不良影响，于 2019 年 8 月明确了大巴接客区域位置维持地面不变，并通过在航站楼前设置出租车下穿地道解决出租车与大巴流线交织问题（–5.000m 层人行通道向南、北两侧移动，避开出租地道），此外对停车楼的进出流线组织以及酒

图 12-30　航站楼与 GTC 两层人行、两层车行衔接示意图

店进出流线等进行了完善，并将完善后的方案作为可研上报方案（图 12-31~
图 12-34）。

在可研上报方案中，航站楼与 GTC 之间有两层东西向人行联系，分别
为 -5.000m 层（在出租车下穿通道爬坡段下方设置）及 0.000m 层；车行衔
接有三层，分别为 -5.000m 层、7.500m 层及 14.500m 层（图 12-35）。

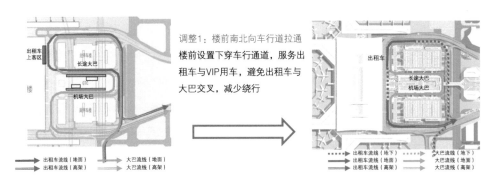

图 12-31　可研上报方案出租车流线组织优化

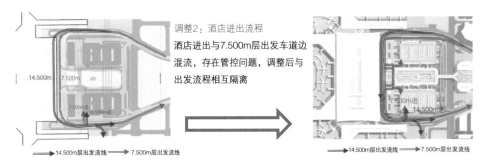

图 12-32　可研上报方案酒店进出流线组织优化

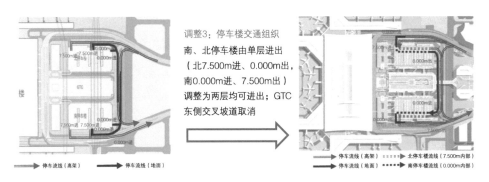

图 12-33　可研上报方案停车流线组织优化

　　　　　　　　　　　　　　　大型机场综合交通理论与西安实践

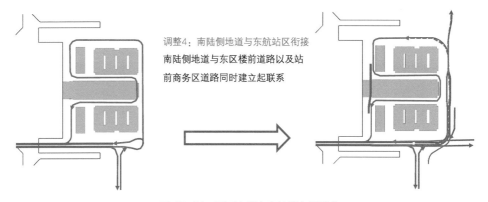

调整4：南陆侧地道与东航站区衔接

南陆侧地道与东区楼前道路以及站
前商务区道路同时建立起联系

图 12-34　可研上报方案地道布局优化

图 12-35　可研上报方案三层人行、三层车行衔接示意图

此后，为了充分发挥 GTC 服务航空旅客功能，增强 T5 航站楼与 GTC 的联系，考虑实现 7.500m 层航站楼与 GTC 人行联通以及 0.000m 层南北向车行拉通，对航站楼前道路系统进行了多方案比较，主要区别在于 7.500m 层车道边的布局，分别是 7.500m 层车道边局部外绕、7.500m 层车道边抬升标高、7.500m 层车道边降低标高来拉通 7.500m 层 GTC 与航站楼的联系（图 12-36）。

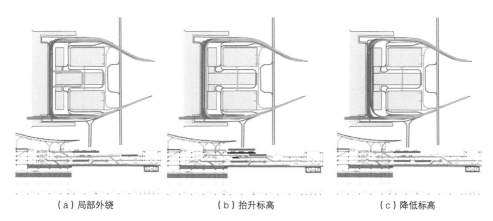

（a）局部外绕　　　　　　　（b）抬升标高　　　　　　　（c）降低标高

图 12-36　7.500m 层车道边调整方案示意图

2019年10月至2020年5月，经过各方探讨，7.500m层车道边维持"一字形"拉直以及标高不变，0.000m层保持航站楼与GTC的人行联通，并在此基础上对出发车流与酒店进出车流进一步分离、航站楼前地面道路系统与商务区的衔接关系、地下道路系统组织等方面进行了深化研究，并形成了稳定的可研批复及初步设计上报方案（图12-37~图12-39）。

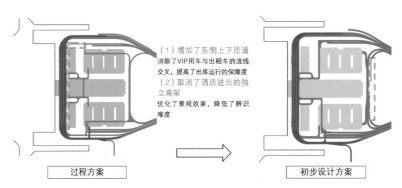

图 12-37　初步设计阶段高架方案

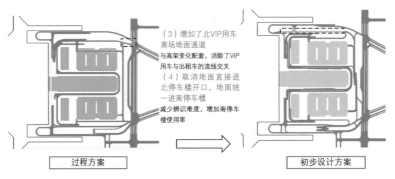

图 12-38　初步设计阶段地面道路方案

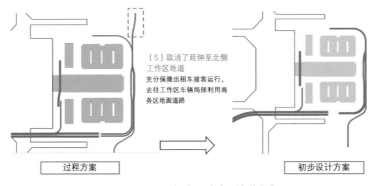

图 12-39　初步设计阶段地道方案

　　　　　　　　　　　　　　　大型机场综合交通理论与西安实践

可研批复方案及初步设计上报方案中，航站楼与 GTC 之间有一层东西向人行联系，即 0.000m 层；车行衔接有三层，分别为 -5.000m 层、7.500m 层以及 14.500m 层。此后鉴于航站楼与 GTC 的人行衔接保障，以及航站楼前出租车乘客上客及候客体验，进一步优化航站楼前出租车通道方案，在出租车通道上方增设人行夹层，此处出租车通道净空较小仅用于车辆通行，两侧大通高区域用于旅客排队等候，航站楼与 GTC 之间有两层东西向人行联系，分别为 -5.000m 层（出租车通道上方夹层）和 0.000m 层；车行衔接有三层，分别为 -5.000m 层、7.500m 层以及 14.500m 层（图 12-40、图 12-41）。

3）"双 L 形"布局方案研究

第三阶段：经专家评估，认为 7.500m "一字形"车道边规模冗余度不足、可能难以应对高峰客流。此外，T5 航站楼与 GTC 紧密衔接，实现主楼功能外延初衷仍需要坚持。在此情形下，对"几字形"车道边方案进一步深化研究（图 12-42）。

鉴于"几字形"车道边带来的行车交织及使用不均衡问题，7.500m 层车道边最终提出"双 L"构型（图 12-43）。

第三阶段，增加了航站楼与 GTC 之间的 7.500m 层人行联通，航站楼与 GTC 之间形成三层东西向人行联系，分别为 -5.000m 层（出租车通道上

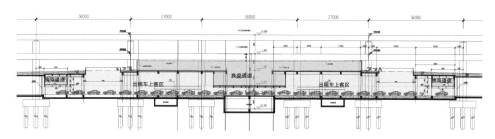

图 12-40　初步设计阶段上报方案出租车通道

图 12-41　7.500m 层初步设计阶段上报方案两层人行、三层车行衔接示意图

初步设计方案 ➡ "几字形"车道边方案

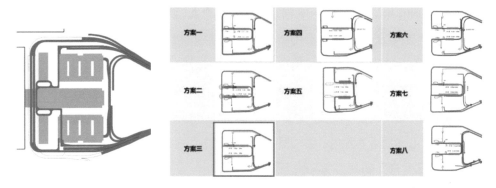

图 12-42 深化调整研究方案

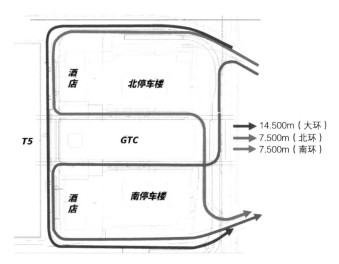

图 12-43 7.500m 层"双 L"构型示意图

方夹层）、0.000m 层、7.500m 层；车行衔接有两层，分别为 -5.000m 层、14.500m 层（7.500m 层外绕）（图 12-44）。

总体来看，T5 航站楼前 7.500m 层的车道边先后经历"几字形""一字形""双 L 形"方案演变，这个演变过程不仅仅是出于道路交通考虑，同时也涉及 GTC 航空功能发挥。最终"双 L 形"车道边方案存在三方面优势：①为 T5 航站楼提供三套车道边，确保了航站楼有效车道边长度，做到了主备

图 12-44　7.500m 层第三阶段三层人行、两层车行衔接示意图

冗余，提升机场交通保障能力；②便于 T5 航站楼与楼前 GTC 一体衔接，通过在 GTC 布置值机和旅客行李系统，航站楼功能得到外延，提升机场服务水平；③南北停车楼分别进出，互不干扰，丰富了停车库管理模式，增加了机场运营管理灵活性。

12.3.4　陆侧道路系统实施方案

1. 陆侧道路系统总体布局

东航站区陆侧道路系统包括高架路、地面道路、上下匝道及地下道路。高架路包括主进离场路、停车楼进出路、酒店通道等，地面道路包括到达层进离场路等，上下匝道包括高架与地面道路联络通道等，地下道路包括南陆侧地道、航站楼前地道、GTC 东侧地道（图 12-45）。

图 12-45　东航站区陆侧三层道路系统总体布局

2. 高架系统及其上下匝道

东航站区进场高架及下匝道：①进入出发车道边（7.500m、14.500m）；②进入酒店；③进入北 VIP 贵宾厅、南 VIP 贵宾厅；④进入北停车楼、南停车楼、北快速接客车道边、南快速接客车道边；⑤进入到达层。

东航站区上匝道及离场高架：①从出发车道边（7.500m、14.500m）离开；②从酒店离开；③北 VIP 贵宾厅、南 VIP 贵宾厅离开；④从北停车楼、南停车楼离开，从北快速接客车道边、南快速接客车道边离开；⑤到达层离开（图 12-46）。

3. 地面道路

东航站区地面道路对外衔接城市快速路等干道，对内衔接南北停车楼、各层车道边，各种功能道路近 20 条，主要包括：①南、北 VIP 地面进出道路；②南、北停车楼地面进出道路；③南、北旅客过夜用房地面进出道路；④出租车、长途大巴、机场大巴地面进出道路；⑤各类地道、地面衔接道路；⑥高架上下匝道地面衔接道路等。东航站区地面道路系统均为连续流交通，不设信号灯控制（图 12-47）。

4. 地下道路

东航站区地下道路包括南陆侧地道、GTC 东侧地道、航站楼前地道。

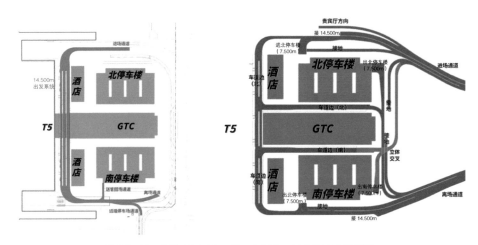

图 12-46　楼前 14.500m 层、7.500m 层高架及上下匝道

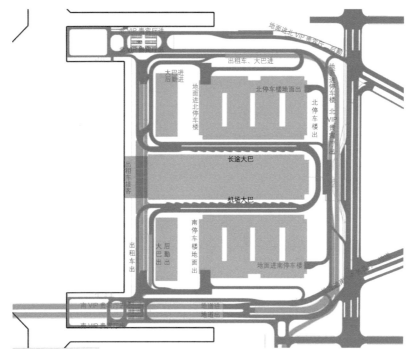

图 12-47　航站楼前地面道路

1）南陆侧地道

南陆侧地道西接东联络通道工程预留南陆侧地道，向东穿越站坪、T5 航站楼后，在规划 T5 航站楼南 2 指廊附近接地面。南陆侧地道建成后主要作为东、西航站区场内联系通道使用，同时兼顾近期进场通道使用，道路等级按主干路。

2）GTC 东侧地道

GTC 东侧地道西接新建南陆侧地道，隧道接地点距南陆侧地道接地点约40m，主线下穿后转弯向北敷设于 GTC 东侧，地道设置一条匝道。GTC 东侧地道近期为两场摆渡、出租车与大巴进场、相关工作车辆专用通道。

3）航站楼前地道

航站楼前地道位于 T5 航站楼前，下穿航站楼—GTC 地面层人行连廊。地道分为两仓：西仓为航站楼前出租车地道，用于出租车在航站楼前地下一层接客；东仓为后勤地道，服务于酒店后勤、垃圾运输等车辆（图 12-48）。

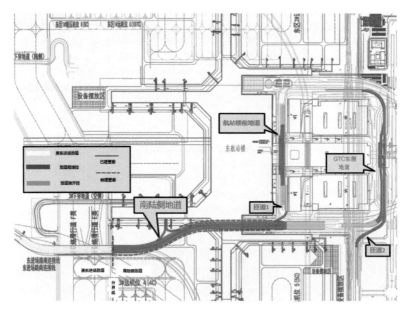

图 12-48　地道总体布置图

12.3.5　陆侧车道边方案

1. 出发车道边布局方案

1）双层车道边分配模式

T5 航站楼采用出发层多车道边系统：有 14.500m 和 7.500m 两层，分别衔接航站楼 14.500m 和 7.500m 出发层。根据航站楼内设施布局，综合考虑楼内垂直交通量、车道边尺度空间、交通引导辨识等因素，考虑"14.500m 层为主，7.500m 层为次"的车道边分配模式。

14.500m 层车道边承担全部国际出发旅客车辆、部分国内出发旅客车辆（有行李托运）、所有巴士和中巴停靠需求，7.500m 层车道边承担部分国内出发旅客车辆（无行李托运）、国内两舱旅客车辆、旅客过夜用房进出车辆通行需求及场内管理、安保车辆通行需求。

2）车道边布局

14.500m 层设置 3 组"2+3+3"车道边：内侧 2 车道服务大巴，1 车道停靠下客，1 车道过境；中间及外侧 3 车道，1 车道停靠下客，2 车道过境。7.500m

层设置 2 组"3+3"车道边，均为 1 车道停靠下客，2 车道过境。高架落客平台在大巴停靠区域采用斜列式停靠设计，减少人车穿插，保证大巴双侧取行李的安全性。

2. 到达车道边布局方案

1）快速接客车道边

在 −4.500m 层停车楼建筑内部，停车楼付费区外面南、北各设置 2 组快速接客车道边，每组长度 100m，共 400m（图 12-49）。

2）出租车、大巴接客车道边

在 T5 航站楼前地下一层，布置平行式车道边系统设置出租车上客点。在 GTC 地面层结合功能布局，北侧设置长途客运站，按照一级站标准建设，南侧设置机场大巴上客区，同时考虑通勤大巴、周边公交车停靠（可参见图 12-47）。

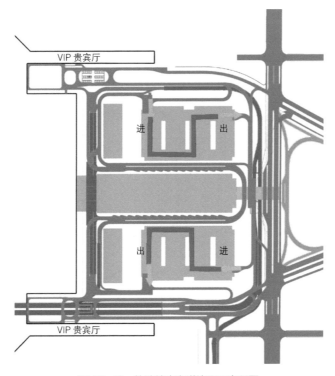

图 12-49 快速接客车道边平面布局图

12.3.6 陆侧交通组织流线

1. 东航站区对外交通流线

东航站区对外交通方向有三个，即南向、西向与北向，分别通过机场专用高速、天翼西路、天翼北路联系外界，此外，航站楼与远端停车场有专用通道联系。

南向进出：南向进场—机场专用高速—主进场路—东航站区—主离场路—机场专用高速—南向离场。

西向进出：西向进场—天翼西路—主进场路—东航站区—主离场路—天翼西路—西向离场。

北向进出：北向进场—天翼北路—主进场路—东航站区—主离场路—天翼北路—北向离场。

蓄车、接客：进场—东航站区—主离场路—远端停车场—南进场路—东航站区—离场（图 12-50）。

图 12-50 机场对外交通流线

2. 出发层流线

1）机场旅客流线

外围交通分别从南部、西部、北部三个方向进场，至14.500m层或7.500m层出发车道边送客（图12-51）。

2）旅客过夜用房流线

旅客过夜用房通过7.500m层停车楼边沿进出，并与停车楼建立联系（图12-52）。

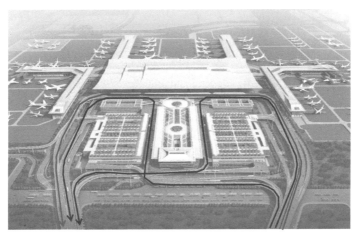

→ 14.500m层出发流线　　　→ 7.500m层出发流线

图12-51　出发层机场旅客流线

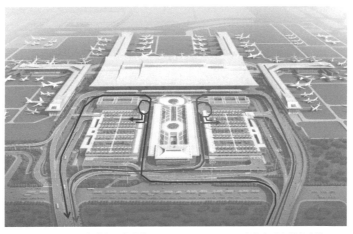

→ 北旅客过夜用房流线　　　→ 南旅客过夜用房流线

图12-52　旅客过夜用房流线

3. 到达层流线

1）停车楼进出流线

南、北停车楼各设置 2 对进出口，其中 7.500m 层的进出口直接与进场、离场高架平接，地面层进出口可同时与进场、离场匝道桥及商务区地面路网联系（图 12-53）。

2）出租车、大巴流线

0.000m 到达层围绕 GTC 布设有出租车、长途大巴、机场大巴、通勤大巴、公交车的接客区域，其中航站楼前地下一层布设出租车接客区域，在 GTC 南、北两侧布置机场大巴与长途大巴接客区域（图 12-54）。

4. VIP 贵宾厅进出流线

北侧 VIP 贵宾厅主要通过进场高架入场，GTC 东侧高架离场。

南侧 VIP 贵宾厅主要通过 GTC 东侧高架入场，通过离场高架离场（图 12-55）。

5. 应急备份流线

1）停车楼满员离场流线

停车楼满员时，提前在主进场路提示引导车辆进入空港商务区停车（图 12-56）。

➤ 北停车楼流线（高架进出）　　➤ 南停车楼流线（高架进出）

┈┈➤ 北停车楼流线（高架进出）　　┈┈➤ 南停车楼流线（地面进出）

图 12-53　停车楼进出流线

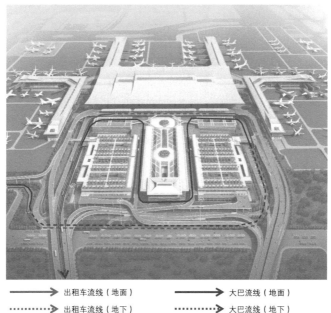

出租车流线（地面）	大巴流线（地面）
出租车流线（地下）	大巴流线（地下）
出租车流线（高架）	大巴流线（高架）

图 12-54　出租车、大巴流线

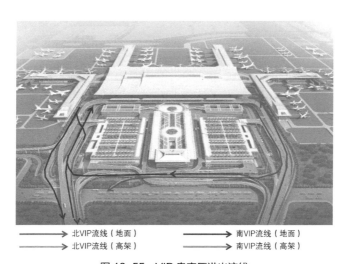

| 北VIP流线（地面） | 南VIP流线（地面） |
| 北VIP流线（高架） | 南VIP流线（高架） |

图 12-55　VIP 贵宾厅进出流线

2）离场高架拥堵

当离场高架发生拥堵时，14.500m 出发层可利用南指廊东侧下匝道下至连接远端停车场的南通道离场（图 12-57）。

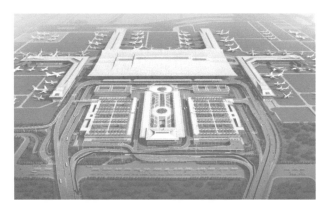

图 12-56 车库满员离场流线

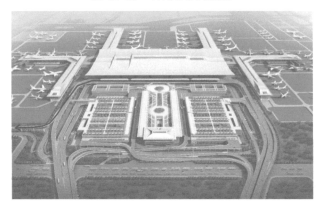

图 12-57 14.500m 出发层应急离场流线

12.3.7 东、西航站区道路连通方案

1. 第一阶段

在第一阶段，南陆侧地道先行施工，同时建设场外互通立交，为后续阶段将东向进场交通引导至天翼西路做准备。在此阶段，机场专用高速连接已建东联络通道南陆侧地道，实现与西航站区交通的联系（图 12-58）。

2. 第二阶段

在第二阶段，南陆侧地道衔接处施工，东侧进场交通无法通行改线后的机场专用高速，需通过外围互通立交转至天翼西路并至西航站区，西航站区交通调整为"西进西出"（图 12-59）。

　　　　　　　　　　　　　　　　大型机场综合交通理论与西安实践

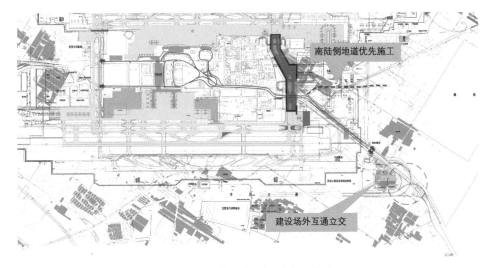

图 12-58　第一阶段交通组织示意图

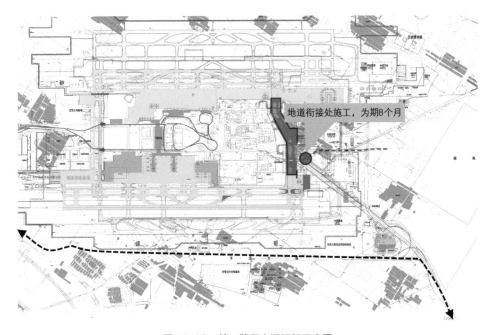

图 12-59　第二阶段交通组织示意图

3. 第三阶段

在第三阶段，南陆侧地道实施完成，东进场交通通过南陆侧地道组织（有少量交通也可能通过天翼西路组织）（图 12-60）。

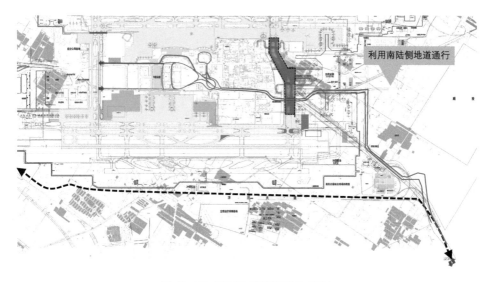

图 12-60 第三阶段交通组织示意图

4. 第四阶段

在第四阶段，机场交通组织调整为"东进东出、西进西出、东西连通"，东航站区进出场交通利用东侧进场路组织，西航站区进出场交通通过西侧进场路组织，东、西航站区之间的员工交通、内部交通通过南陆侧地道组织（图 12-61）。

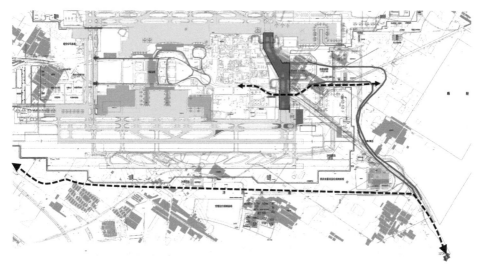

图 12-61 第四阶段交通组织示意图

12.3.8 非机动车交通方案

三期扩建工程全面围绕"公交优先＋慢行友好"的发展要求，充分满足机场各类员工通勤需求，打造绿色低碳、慢行友好、公交优先、景观融合、空间共享的可持续生态慢行交通系统。依托机场外围市政道路系统，结合轨道交通、公交等站点，打造特色的机场环形慢行系统。

东航站区非机动车停车场设置于核心区外围，靠近市政道路，结合高架桥下空间进行布置，尽量减少占地，既方便非机动车通过市政道路快速疏解，又避免穿越航站区核心区，保障航站区交通安全与效率。同时非机动车停车场预留充电设施，保证便捷性。考虑工作人员目的地，场区内各工作目的地之间结合地面道路设置联络道，方便相关工作人员联络（图 12-62）。

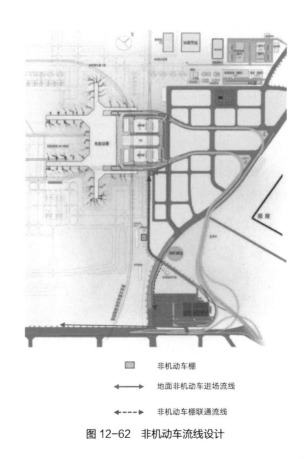

	非机动车棚
← →	地面非机动车进场流线
←---→	非机动车棚联通流线

图 12-62 非机动车流线设计

12.4 远端停车场

12.4.1 停车场主要功能

远端停车场位于西安机场东南侧，南侧跑道尽端，距离 T5 航站楼约 1km。停车场西侧为天翼北路，东北侧为机场专用高速，南侧为天翼西路，地块可通过天翼西路、天翼北路及互通立交对外联系。

设置远端停车场，主要是为了弥补东航站区楼前停车供应不足的问题，功能以相关车辆停蓄车为主，主要服务出租车、大巴蓄车及社会小客车长时间停放需求，兼顾部分运营车辆（如网约车和租车）等停车需求（图 12-63）。

12.4.2 停车场平面布局

1. 停车场布局

停车场共设置社会小客车停车位 1390 个（员工车位 80 个），出租车位 1564 个，大巴车位 310 个。结合地块三角形状、各种车辆停车功能布置和进出要求，停车场形成北部大巴停车区、中部出租车停车区、南部社会车辆停车区布局（图 12-64）。

（1）大巴停车区集中设置在北侧，便于 T5 航站楼与远端停车场利用南通道进行联系。

（2）停车数量较大的出租车蓄车场集中设在中区的东侧，分设蓄车区及充电区，方便蓄车出租车前往航站楼接客。

（3）社会车辆停车场设置在南片区，便于社会车辆从南侧道路进出。

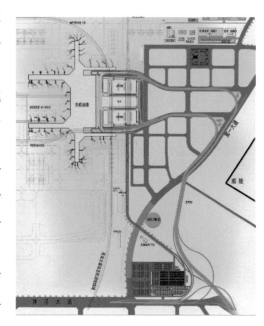

图 12-63 远端停车场地示意图

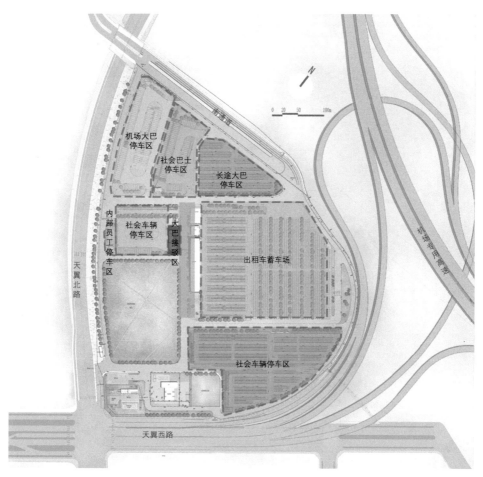

图 12-64   远端停车场车辆区域布置图

2.配套设施布局

停车场结合边缘绿地集中设置和管理各类配套用房，包含公共厕所、食堂及餐厅、商业用房、机场大巴车调度室管理用房、大巴及出租车驾驶员休息室、交通安全教育室、各停车区管理用房、租车服务用房及智能化信息系统设备用房、监控检测设备用房等。

加油站、充电站分别临近停车场南侧、西侧出入口设置，方便外围车辆加油、充电。同时，场内各功能分区配置一定比例的充电桩，并对应设置变电所及光伏储能集装箱。各充电区均独立设置，互不干扰，但相对集中，利于管线及设备房集中布置（图 12-65）。

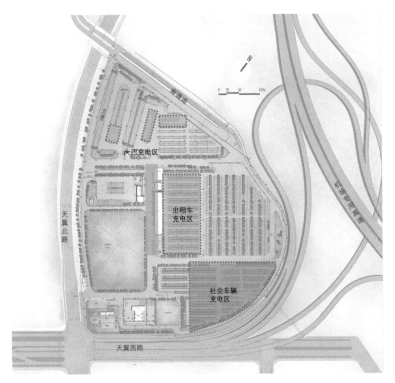

图 12-65　远端停车场充电桩平面布置图

12.4.3　停车场出入交通组织

1. 出入口与场内通道

停车场设置 2 对进出口，北片区 1 进 1 出，主要服务大巴和出租车等与 T5 航站楼联系的车辆，由南通道进出停车场。南片区设置 1 进 1 出，主要服务通过天翼西路、互通立交转换交通的社会车辆和网约车进出。

停车场内部设置 14.0m 宽道路（四车道双向）、7.0m 宽道路（单向双车道）、停车区道路三级道路系统，从而围绕各停车模块形成环形交通，便于各停车场车辆进出。

2. 进出交通流线

各类车辆可由南通道、天翼西路两对出入口进出停车场。60% 的出租车、大巴由北侧南通道入口进入停车场。社会车辆及 40% 的出租车由南侧天翼西

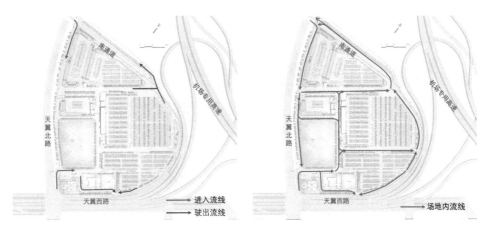

图12-66 远端停车场进出交通组织

路入口进入停车场后，分别进入出租车蓄车场及社会车辆停车区。出租车、各类大巴均由北侧南通道出口离场，直达 T5 航站楼接客。社会车辆由南侧天翼西路出口离场（图 12-66）。

3. 闸机布局设置

社会车辆停车场和大巴停车场均有独立的入口及出口闸机，大巴车辆通过出口闸机前往 T5 航站楼或市政道路，社会车辆通过出口闸机前往市政道路。出租车蓄车场入口处设置 2 组闸机，出口处闸机由工作人员手动控制，待一列出租车离开后落杆。

第13章　西安机场旅客捷运系统工程

西安机场在机场总体规划、东联络通道工程、三期扩建工程等各阶段都对旅客捷运系统功能、规划布局、预留工程等进行了研究，旅客捷运系统功能从空陆侧兼顾向空侧专用逐步演变，所以单列一章说明。本章主要在理论篇第6章旅客捷运系统设置理论的基础上，重点对西安机场旅客捷运系统功能与线路方案研究历程、三期扩建工程实施方案及预留工程等进行说明。

13.1　规划背景与需求预测

13.1.1　规划背景

根据2016版总规，T5航站楼位于整座机场东侧，与现有航站楼群自然形成东、西两个航站区。三期扩建工程实施后，陆侧交通将被空侧区域分隔成东、西两个独立部分。未来随着各卫星厅建成，东、西航站区各航站楼与卫星厅之间需要通过旅客捷运系统连接（图13-1）。

13.1.2　旅客捷运系统需求预测

根据西安机场航站楼布局规划，旅客捷运系统运输模式可能存在以下三种情况：①远期均为陆侧客流；②远期空侧＋陆侧客流；③远期空侧＋陆侧客流（卫星厅换乘旅客需提取行李）。

基于上述几种模式，预测旅客捷运系统远期高峰小时单向最大可能断面

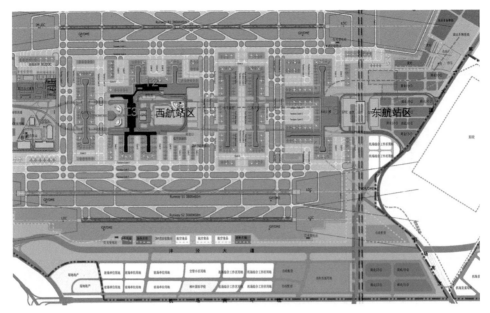

图13-1　西安机场远期南主航站区航站楼布局图

客流为 9000~10000 人。捷运车辆选用轨道交通 A 型车或 B 型车，对于空陆侧双重运输需求，采用空陆侧旅客同列车、车厢分隔进行组织。按照 160 人 / 车（4 人 /m^2）、4 辆编组、4 分钟发车间隔，运输能力可满足高峰客流需求（图 13-2）。

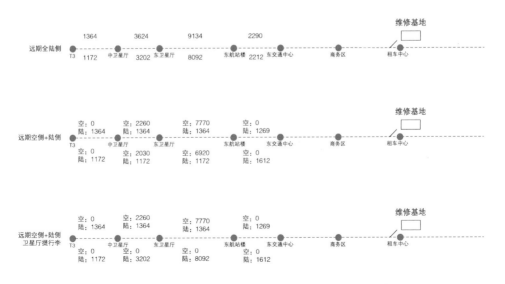

图 13-2　远期旅客捷运系统高峰小时断面客流预测（单位：人次）

13.2 旅客捷运系统规划研究历程

13.2.1 2016年版总体规划捷运系统方案

2016版总规旅客捷运系统方案为空陆侧兼顾模式，主要由1条捷运线路、1条捷运连接线以及1处维修基地构成。捷运1号线由西向东依次连接西卫星厅、T3航站楼、中卫星厅、东卫星厅和T5航站楼，捷运连接线连接T5航站楼及维修基地，维修基地位于东航站区东侧（图13-3）。

13.2.2 方案征集旅客捷运系统方案

东航站区国际方案征集旅客捷运系统方案，为空陆侧兼顾模式，联系东西航站区、空港新城和车辆基地，保留T5航站楼与其卫星厅之间的空侧捷运功能改造可能性。旅客捷运系统正线约6.6km，设置7座车站，分别为T3站、中卫星厅站（S2）、东卫星厅站（S1）、东航站楼站（T5）、城（高）铁站（GTC）、商务区站、租车中心站。维修基地位于商务区东北端（图13-4）。

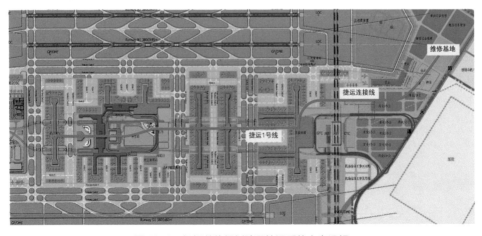

图13-3　机场总体规划阶段捷运系统方案设想

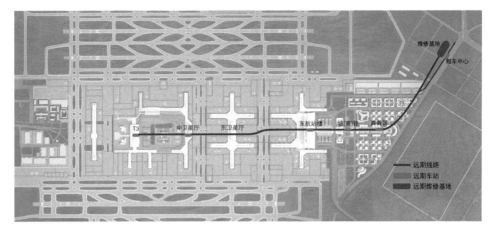

图 13-4　方案征集捷运系统方案

13.2.3　东联络通道工程旅客捷运系统方案

1. 捷运分阶段建设安排

鉴于东联络通道工程为西安机场三期先导工程，在东联络通道工程阶段制定旅客捷运系统建设计划：①东联络通道工程预留旅客捷运系统区间隧道（后与三期扩建工程一并实施）；②三期扩建工程建设东航站区范围捷运车站及区间（仅结构预留）；③远期向西延伸至西航站区，向东延伸至车辆基地，贯通东、西航站区，旅客捷运系统开始运营（图 13-5）。

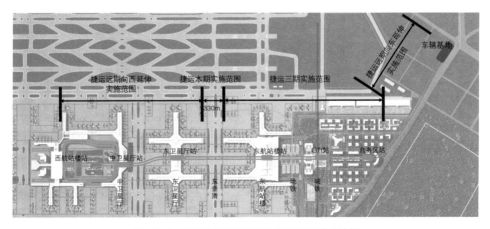

图 13-5　东联络通道工程制定捷运分期建设计划

2. 旅客捷运系统方案研究

东联络通道工程实施期间，为了明确捷运工程预留要求，对机场旅客捷运系统进一步进行研究。研究推荐捷运正线连通东、西航站区，全部为地下线路，中卫星厅站、东卫星厅站为地下一层站，西航站区站、东航站区站、商务区站为地下二层站。车辆基地设置在商务区东北端。

结合东联络通道建设要求、三期 T5 航站楼构型方案、现状工程建设条件，对比分析了 T5 航站楼与卫星厅线路通道方案，推荐按方案 2 即直通方案进行相关工程预留。

（1）方案 1——北绕方案。方案优点为：避开了方案 2 中穿越 T5 航站楼主楼及铁路、地铁车站的困难，线路在铁路车站北侧横穿。方案缺点为：线路线形不顺直，T5 车站位置偏北，服务较差。

（2）方案 2——直通方案。方案优点为：走向顺直，且车站基本位于航站楼、卫星厅中轴位置，服务较好。方案缺点为：线路穿越 T5 航站楼主楼及铁路、地铁车站位置，工程实施难度大（图 13-6）。

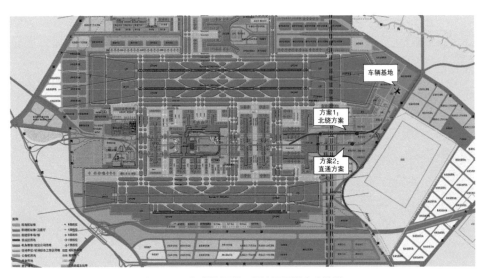

图 13-6　东联络通道工程捷运通道方案比选

13.3 三期扩建工程旅客捷运系统实施方案

13.3.1 旅客捷运系统设置原则

（1）旅客捷运系统为双线双向空侧捷运系统，为全封闭系统。

（2）旅客捷运系统分阶段分期实施，建成后贯通运营，行车组织采用穿梭及循环模式。

（3）列车采用钢轮钢轨 A 型车，4 辆固定编组，最高运行速度 80km/h。

（4）系统最大设计能力按循环模式一个大交路每小时 24 对设计。

（5）车站配线满足旅客捷运系统各种运行模式，满足系统 24 小时运行的检修转换需要。

（6）旅客捷运系统运营组织安排既要考虑运营经济性，又要考虑运营服务水平，缩短乘客候车时间。

13.3.2 线路总体方案

根据三期扩建工程东航站区机场功能布局深化方案，东航站区旅客捷运系统为空侧旅客提供换乘服务，线路全长 1.7km，为全地下线，设 T5 航站楼、东卫星厅 2 座车站和 1 处车辆基地，并预留向西延伸至中卫星厅条件。

东卫星厅站为旅客捷运系统起点站和与车辆基地接轨站，车站位于东卫星厅中部，车辆基地设置于规划中垂直联络通道下方，出入线在东卫星厅站小里程端接轨。线路出东卫星厅站后向东布设，下穿东垂直联络通道后接入 T5 航站楼站，整段区间平行于指廊设置。T5 航站楼站设置于 T5 航站楼中部，为地下二层车站，车站形式为一岛两侧式（图 13-7）。

三期扩建工程实施捷运系统"一站一区间"预留工程（仅土建）。"一站"即 T5 航站楼站，与 T5 航站楼同步实施，"一区间"即东联络通道东侧边线至 T5 航站楼区间，与 T5 航站楼站同步实施。东联络通道捷运区间工程仍属于东联络通道工程范围，与三期扩建工程同步建设。其余部分后续与东卫星厅建设同步。

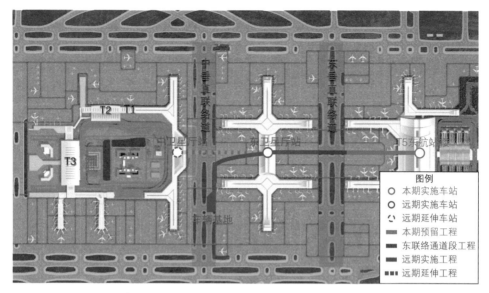

图13-7　三期扩建工程机场捷运预留工程线路方案

13.3.3　列车运营组织方案

1. 捷运客流预测

根据机场规划，东航站区内部在 T5 航站楼集中安检，旅客捷运系统连接 T5 航站楼与卫星厅，服务的客流主要包括卫星厅始发及终到旅客、卫星厅与东西航站区之间的中转旅客、机场工作人员。远期高峰小时旅客捷运系统最大断面客流位置出现在上行方向东卫星厅（S1）—T5 航站楼（T5）区间，为 5469 人次（表 13-1）。

2. 线路延伸前运营分析

线路延伸前，旅客捷运系统仅运行东卫星厅—T5 航站楼两站一区间。采用穿梭运行，列车全周转时间约 4.4 分钟，单线最大开行对数为每小时 13 对，双线最大开行对数为每小时 26 对，最小间隔 2.3 分钟；采用循环运行，T5 航站楼交叉渡线交替折返能力为每小时 24 对，最小间隔 2.5 分钟。

旅客捷运系统远期极端高峰小时单向最大断面流量为 5469 人次，采用 A 型车 4 辆编组（3 人 /m²）每小时需开行 10 对（间隔 6 分钟），穿梭及折返运

类型			东卫星厅（S1）		T5 航站楼（T5）	
			上车	下车	上车	下车
始发／终到			4874	3702	3700	4431
中转	卫星厅—T5 航站楼	国内—国内	301	301	300	634
		国内—国际	165	165	165	231
	卫星厅—西航站楼	国内—国内	103	103	103	144
		国内—国际	15	15	15	21
	卫星厅内部中转乘坐捷运系统（按内部中转 5% 考虑）		11	8	11	8
合计			5469	4294	4294	5469

行方式均可满足客流需求。从列车运行效率、行车组织难度及对航班集中到达的适应性来说，双线穿梭运行模式更有优势（图 13-8）。

3. 线路延伸后运营分析

线路延伸后，捷运系统运行中卫星厅—东卫星厅—T5 航站楼三站两区间。采用穿梭运行，列车全周转时间约 8.1 分钟，单线最大开行对数为每小时 7 对，双线最大开行对数为每小时 14 对，最小间隔 4.2 分钟。采用循环运行，T5 航站楼交叉渡线交替折返能力为每小时 24 对，最小间隔 2.5 分钟。

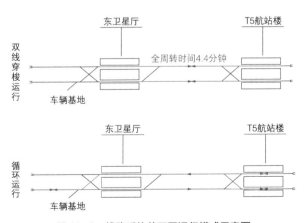

图 13-8　线路延伸前不同运行模式示意图

线路延伸后双线穿梭及循环运行模式均可满足预测客流需求，但双线穿梭模式服务水平相对较低、乘客候车时间较长，最大运输能力为每小时 8400 人次，对未来客流适应性较差，循环模式下运输能力可达每小时 1.44 万人次，系统延伸后推荐采用循环运行模式更合适（图 13-9）。

4. 运营组织计划实施方案

旅客捷运系统车辆采用轮钢轨 A 型车，列车最高运行速度为 80km/h，列车采用 3 动 1 拖 4 辆编组，旅客捷运系统 24 小时不间断运营。

运营初期高峰小时双线穿梭模式下开行 12 对（6 对 +6 对），最小行车间隔为 5.0 分钟。远期高峰小时双线穿梭模式下开行 16 对（8 对 +8 对），最小行车间隔为 3.8 分钟。系统规模按延伸至中卫星厅，高峰小时采用循环模式开行 24 对，最小行车间隔为 2.5 分钟。

夜间（0：00~6：00）由于航班较少，采用单线穿梭模式运行，并结合航班到达情况灵活调整运行间隔。故障情况下，为不中断运营，正常运营一侧线路采用单线穿梭模式运行。夜间线路维护，一侧线路用于维护，另一侧采用单线穿梭模式运行（表 13-2）。

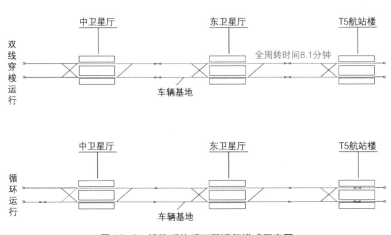

图 13-9　线路延伸后不同运行模式示意图

项目 \ 设计时段		运营初期	远期	系统规模
超高峰小时客运量（人次）	出发	—	4294	—
	到达	—	5469	—
	机场工作人员	5%		
超高峰系数		出发 1.25，到达 1.75		—
列车编组辆数（辆）		A 型车 4 辆		
列车载客量（人/列）		600（3 人/m²）		
运行模式		双线穿梭		循环
高峰小时列车数（对）		12（6+6）	16（8+8）	24
最小列车运行间隔时间（min）		5.0	3.8	2.5
高峰小时设计客运能力（人次）		7200	9600	14400

13.3.4　T5 航站楼站与线路布局方案

1.T5 航站楼站布局位置

机场旅客捷运系统 T5 航站楼站设置于 T5 航站楼中部。T5 航站楼根据旅客进出港需求、外部城市交通路网衔接等条件总体分为 5 层，其中地上 3 层、地下 2 层，自上而下分别为国际出发层、国内到发混流层、国内/国际到达层、国内达到层、行李分拣层及捷运站台层，机场捷运 T5 航站楼站站台层位于 T5 航站楼下方 -18.120m 层（图 13-10）。

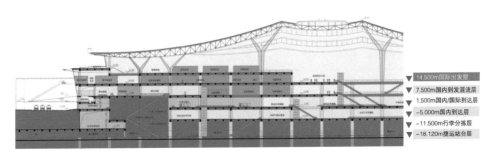

图 13-10　T5 航站楼剖面示意图

2. T5 航站楼站折返方案

轨道交通列车折返可采用站前及站后折返方式。站后折返方式系统能力可达每小时 30 对，但站后配线区较长，土建规模大；站前折返方式系统能力一般为每小时 24 对，土建规模相对较小。

根据预测，西安机场空侧旅客捷运系统远期高峰小时最大断面客流为 5469 人，按 A 型车、4 辆编组、3 人 /m² 站立标准，远期高峰小时开行 10 对即可满足客流需求。T5 航站楼站采用站前折返可避免与航站楼柱网产生冲突，折返能力也满足客流需求，推荐采用站前折返方式（图 13-11）。

3. T5 航站楼站配线方案

考虑到未来旅客捷运系统将延伸至中卫星厅，延伸后采用循环运行模式，为了提高旅客捷运系统运营组织灵活性、避免站台功能浪费，T5 航站楼站采用交叉渡线方案（图 13-12）。

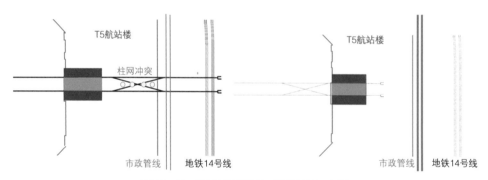

图 13-11 T5 航站楼站后、站前折返示意图

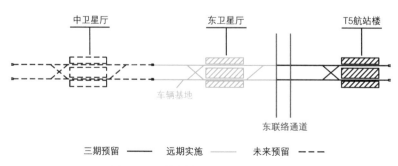

图 13-12 旅客捷运系统全线配线方案

第 14 章　展望

随着三期扩建工程建成运营，西安机场航空与地面综合交通运输能力都将得到显著提升，基本建成国家级综合交通枢纽。然而，面对高质量可持续发展需要，面对人民群众不断提升的航空出行要求，西安机场需要不断完善集疏运体系，不断引进各类先进技术，持续提高交通运营管理水平，更好地服务于民航强国和交通强国建设。

1. 加快机场集疏运系统发展

西安机场国家级综合交通枢纽的发展，除了空地一体综合交通枢纽的建设，还需要构建便捷高效的道路、轨道集疏运体系，辐射服务机场广大腹地。

1）引入高速铁路

西安机场三期扩建工程完成后，需要加快高速铁路、城际铁路引入机场相关工程，加强西安机场与西安铁路枢纽的衔接，构建西安机场面向关中平原城市群以及西部地区的高速铁路集散网络，促进西部地区空铁一体化衔接。

2）引入城市轨道

除了现有地铁 14 号线外，西安机场需要加快 12 号线、17 号线等城市轨道线路引入，完善西安机场辐射西安都市圈轨道网络，服务带动区域发展作用更加突出。

2. 持续推进智能交通建设

大型机场综合交通发展需要建管并重。三期扩建工程完成后，西安机场将构建年集散能力过亿人次的综合交通基础设施，未来需要紧跟计算机、移动通信、元宇宙、北斗卫星导航、新能源汽车、人工智能（AI）等各种科技全面发展，持续推进机场智能交通建设，确保各类交通系统平稳高效运行。

1）智能道路交通系统

西安机场"东进东出、西进西出、东西连通"道路交通组织，给旅客提供了便利也让旅客面临多路径选择，需在机场内外提供连续智能交通指引。随着手机导航为代表的移动导航平台日趋完善，构建"智能车—移动导航平台—智慧路"车路协同体系，主动提供路侧、车端各类道路实时交通信息以及路线引导服务，形成机场内外一体化智能交通引导。

2）自动驾驶公交系统

西安机场三期扩建工程建成后，东西航站区分布地点广、功能设施多、运行时间长，除了现有轨道交通外，不同地点、不同时段之间还需要提供各类公交服务。随着以人工智能（AI）为基础的自动驾驶技术普及，及时引进自动驾驶公交，配备自动化场站设施，建设机场智能公交系统，不仅有助于提供灵活的公交出行服务和新颖的旅客体验，而且也有助于降低企业运营成本。

3）智能联运系统

西安机场三期扩建工程建成后，航空、铁路、公路等各类交通硬件设施一体化水平较高，但空地交通系统之间运营管理的协同还需要不断加强：①实现班次、旅客等相关运营数据互联互通，保障各类情形下机场综合交通系统协同运作；②推行安检互认，尽量减少旅客在机场的不必要安检；③构建一体化电子票务系统，提供"空陆联运一票通"服务，实现机场航班和高铁、长途大巴等班次一站式电子购票，为旅客提供最佳购票服务。

3. 发展绿色交通与定制交通

1）绿色交通工具

新能源汽车逐步成为机场交通主要组成部分，各类旅客车辆、货运车辆、工作车辆普遍实现电动化，机场汽车尾气排放显著降低，环境品质不断提高。机场区域应构建安全、便利的新能源汽车保障服务体系。

2）个性化定制交通

旅客可根据自己的需求和时间安排，定制个性化交通服务。例如，预约特定时间接送服务，或者行李直达服务。特殊旅客需求得到更好满足，为老年人、残疾人、孕妇、幼儿等特殊旅客群体，提供更加贴心、便捷的交通服务，如无障碍设施的完善、专人协助等。

4. 推进空地物流高效联运

运用物联网、大数据、机器人等技术，加强航空货运与铁路、公路等运输方式衔接，发展多式联运，实现货物智能分拣、仓储和配送，提高物流运输效率和灵活性，满足日益增长的航空物流需求。

参考文献

[1] 吴念祖. 图解虹桥综合交通枢纽策划、规划、设计、研究 [M]. 上海：上海科学技术出版社，2010.

[2] 刘武君. 航空港规划 [M]. 上海：上海科学技术出版社，2012.

[3] 刘武君. 航空枢纽规划 [M]. 上海：上海科学技术出版社，2013.

[4] 杨立峰. 大型机场航站区陆侧道路交通组织与规划研究 [J]. 交通与运输，2018（1）：1-5.

[5] 王万鹏. 机场陆侧道路交通改造关键技术问题研究 [J]. 城市道桥与防洪，2020（7）：51-53.

[6] 黄坤岭，赵丹妮，侯明哲，等. 不停航大型机场陆侧交通改造过程中的交通导改研究 [J]. 公路，2022（9）：313-317.

[7] 郭建祥，张胜，陈必壮，等. 大型综合交通枢纽规划设计关键技术研究 [R]. 2010.

[8] 上海市政工程设计研究总院（集团）有限公司. 大型机场主要交通设施规划设计关键技术研究 [R]. 2018.

[9] 上海市政工程设计研究总院（集团）有限公司. 西安咸阳国际机场三期扩建工程陆侧综合交通专项研究 [R]. 2015.

[10] 中国民航机场建设集团公司. 西安咸阳国际机场总体规划（2016年版）[R]. 2016.

[11] 中国民航机场建设集团公司. 西安咸阳国际机场东联络通道项目可行性研究报告 [R]. 2016.

[12] 中国民航机场建设集团公司，上海市政工程设计研究总院（集团）有限公司. 西安咸阳国际机场东联络通道项目初步设计 [R]. 2017.

[13] 上海市政工程设计研究总院（集团）有限公司. 西安咸阳国际机场西航站区道路交通改造工程可行性研究报告 [R]. 2018.

[14] 中国民航机场建设集团公司. 西安咸阳国际机场三期扩建工程预可行性研究报告 [R]. 2017.

[15] 上海市政工程设计研究总院（集团）有限公司. 西安咸阳国际机场三期扩建工程可行性研究报告（陆侧综合交通专题）[R]. 2019.

[16] 中铁第一勘察设计院集团有限公司. 西安咸阳国际机场东、西航站区旅客捷运系统工程初步设计 [R]. 2020.

[17] 陕西省人民政府. 西安都市圈发展规划 [R]. 2022.

[18] 西安市自然资源和规划局. 关中城市群核心区城市轨道交通线网规划（公示稿）[R]. 2022.

[19] 中铁第一勘察设计院集团有限公司. 西安铁路枢纽规划 [R]. 2022.